最贴近青少年生活的科普丛书

主编◎马学军

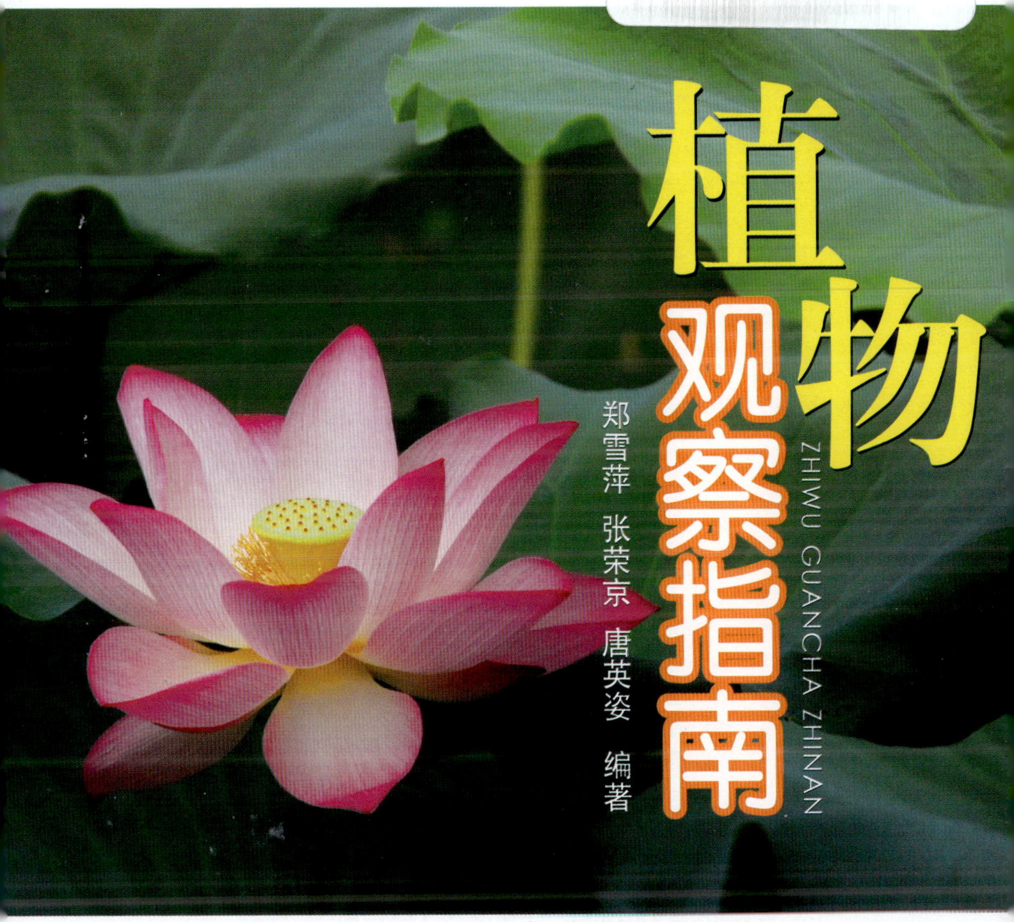

植物观察指南

ZHIWU GUANCHA ZHINAN

郑雪萍 张荣京 唐英姿 编著

SPM 南方出版传媒
全国优秀出版社
全国百佳图书出版单位
广东教育出版社
·广州·

图书在版编目（CIP）数据

植物观察指南 / 郑雪萍，张荣京，唐英姿编著. —广州：广东教育出版社，2013.12（2016.10重印）
（科学观察123丛书 / 马学军主编）
ISBN 978-7-5406-9032-8

Ⅰ. ①植… Ⅱ. ①郑…②张…③唐… Ⅲ. ①植物-观察-青年读物②植物-观察-少年读物 Ⅳ. ①Q94-49

中国版本图书馆CIP数据核字（2013）第269276号

责任编辑：陈晓红
美术编辑：刘敏妮
技术编辑：刘莉敏

出版发行：广东教育出版社
广州市环市东路472号12-15楼（510075）
http:/www.gjs.cn
经　　销：广东新华发行集团股份有限公司
印　　刷：佛山市浩文彩色印刷有限公司印刷
佛山市南海区狮山科技工业园A区
开　　本：890毫米×1240毫米　1/32
印　　张：4.625
插　　页：2页
字　　数：106千字
版　　次：2013年12月第1版　2016年10月第7次印刷
书　　号：ISBN 978-7-5406-9032-8
定　　价：23.00 元
质量监督电话：020-87613102　邮箱：gjs-quality@gdpg.com.cn.
购书咨询电话：020-87615809

“科学观察123丛书”编委会

主编：马学军

委员：（以姓氏笔画为序）

卜　标 许广玲 李　涌 李怿珍 李雄侠 岑海平 沈　航

张坤炽 陈浩荣 林海华 郑雪萍 唐英姿 梁美兰 蒋丽群

曾小兰 曾美良 曾宪扬 游月殿 雷晓晖

《植物观察指南》

主编：郑雪萍

作者：郑雪萍　张荣京　唐英姿

摄影：张荣京　郑雪萍　唐英姿　涂先钦　赵　颖　杜　姿

樊翠萍　李怿珍　于立青　岑海平

前　言

我们对植物的兴趣，应该追溯到孩童时代。那个时候，城市没那么多高楼大厦，楼前屋后，田野山坡，到处都生长着茂密的树木野草。我们爬树，摘野果子吃，摘几束漂亮的野花插在家里。暑假到山上采集一些金银花等草药，晒干后送到收购站赚取学费和零花钱。但现在的孩子们离大自然的距离似乎越来越远了，他们的兴趣已转向游乐场、特长班、各种高级玩具、各种电子产品……

其实，只要我们带着孩子偶尔停下匆匆的脚步，就会发现，在我们的周围，依然生长着各种各样的花草树木。我们欣赏它们美丽的花、枝、叶、果；我们在它们的生长过程中经历春夏秋冬四季更替。

为了普及生物多样性的科学知识，引导同学们亲近大自然，形成对植物多样性及生态环境的保护意识，我们选择了广州地区的公园、街道、校园、道路等处常见的123种植物进行介绍，同时还介绍了其他45种相关的植物，培养同学们热爱大自然，掌握关于观察、发现、求证的科学素养。

植物是美化和改善人类生存环境不可缺少的重要资源。广州地区在历史上森林茂密、山清水秀。根据康熙年间的《新修广州府志》记载，番禺至从化，均为深山大林或无人烟的地方。在上个世纪，森林遭到了较大的破坏。改革开放以来，政府加大绿化建设，现在植被保护较好，植物物种丰富。随着社会的进步和人民生活水平的提高，人们对环境特别是城市环境的绿化、美化、净化、香化的要求越来越高。

本书力求文字简练，图文并茂，给少年儿童们一个全新、立体的介绍，使同学们对身边常见的植物一目了然，并简单了解到它们的各种用途。书后附有《常见植物简明速查手册》折页，便于同学们随身携带，随时查阅所列出的植物种类。

由于作者水平有限，时间紧迫，疏漏甚至错误之处在所难免，恳请读者们提出宝贵意见。

植物的基础知识 / 1

植物的分类知识 / 2

一、植物分类方法 / 2

二、植物分类的各级单位 / 2

三、植物命名法 / 2

四、植物识别方法 / 3

植物形态知识 / 4

一、花 / 4

二、果实 / 5

三、茎 / 7

四、叶 / 8

植物识别方法 / 10

一、说出常见植物的名字 / 10

二、掌握植物的识别特征 / 11

三、使用植物检索表进行植物种类鉴定 / 12

四、记住常用识别植物的依据 / 14

五、知道植物识别的注意事项 / 15

植物种类中文名笔画索引 / 16

附：常见植物简明图谱

植物的基础知识

植物的分类知识

一、植物分类方法

植物分类就是用分类学方法，对植物的各个类群进行命名和等级划分。植物分类学是一门基础学科，它不仅仅是识别物种、鉴定名称，而且要阐明物种之间的亲缘关系并建立自然的分类系统。分类的方法可以分为两种类型：

1. 人为分类：即人们按照自己的目的和方法，选择植物的一个或几个特征为标准进行的分类，然后根据一些人为的标准，将植物类群顺序排列形成分类系统。如李时珍的《本草纲目》将植物分为草、木、谷、果、菜等五部；又如林奈将植物分成24纲。

2. 自然分类：是指以植物的亲缘关系的亲疏远近作为分类的原则，按照生物进化的观点，根据植物间相同点的多少推断彼此间的亲缘关系的远近，形成分类系统。

二、植物分类的各级单位

1. 分类等级。

植物分类的等级有界、门、纲、目、科、属、种。各级单位根据需要可再分成亚级。种是分类上的基本单位。

2. 种的定义。种是生物分类的基本单位，是形态生理上相类似、有潜在杂交能力的同种生物的综合体。种是生物进化与自然选择的产物。种内可根据个体间的差异分为亚种、变种、变型等。如粳稻和籼稻是水稻的两个亚种。

三、植物命名法

1. 植物学名的形成。

人们认识植物之初，用自己国家、民族地区的语言文字给各种植物取了名字，即俗名。俗名多种多样，并产生了两种现象：一是同物异名，即同一种植物不同的地方有不同的叫法，如马铃薯也叫土豆、地蛋等；二是同名异物，即不同的物种有相同的名字，如鼠李科有酸枣，漆树科也有酸枣；植物中有白头翁，动物中也有白头翁。名称不统一，造成许多混乱，妨碍国内和国际间的科学交流。

为了方便科学交流，在国际上就有了统一的规定——《国际植物命名法规》，它规定植物命名要遵循1753年瑞典植物学家林奈创立的双名法，即用两个拉丁单词或拉丁化形式的词作为一种植物的学名（名称），第一个单词是属名，是名词，其第一个字母要大写；第二个单词为种加词，是形容词；后边再写出定名人的姓氏或姓氏缩写（第一个字母要大写）。例如水稻的学名Oryza sativa L. 。每一种植物只有一种合法的正确学名。如果种名之下还有种下等级的名称，如亚种、变种等，则称为“三名法”。

如：海棠叶报春 Primula obconica Hance subsp. begoniiformis（Petim.）W.W. Smith et Forr.，苦茶 Camellia assamica var. kucha Chang et Wang

四、植物识别方法

植物的识别是植物分类技能中最基本的一项技能，可通过正确运用植物分类学基本知识及查阅工具书和资料等进行识别和鉴定。

可以利用的参考文献资料很多，如植物志、图鉴、图谱、手册及各种专著和网络图片库。

植物分类检索表是识别和鉴定植物种类的重要工具资料之一，通过查阅检索表可以帮助我们初步确定某一植物的科、属、种名。它不提供植物的详细描述，只列出重要、最显著而清晰的识别特征，按照一定的分类单位，选用一对以上显著不同的特征，将植物分为两类，然后又从每类中再找出相对的特征，再区分为两类；如此下去，直到所需要的类群出现。

植物形态知识

被子植物分类主要以形态特征为依据，尤其是花和果实的形态。

一、花

（一）花序：花在花枝上的排列方式。按开花顺序，可分为两种。

1. 无限花序：花轴下部的花先开，渐及上部，或由边缘开向中心。有总状花序、穗状花序、柔荑花序、肉穗花序、伞房花序、头状

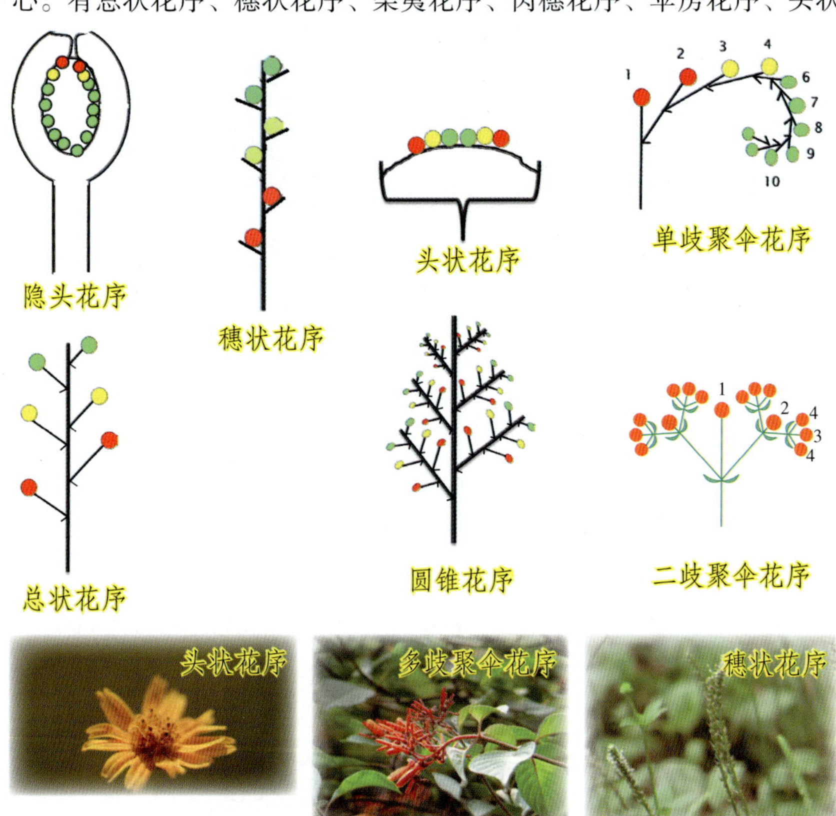

花序、隐头花序、圆锥花序等。

2. 有限花序：又叫聚伞花序。是指花序中最顶点或最中心的花先开，渐及下边或周围。有单歧聚伞花序、二歧聚伞花序、多歧聚伞花序、轮伞聚伞花序。

（二）花冠类型

花瓣的离合情况、花冠筒的长短以及花冠裂片形态不同等因素造成花冠类型多样，常见的有：筒状花冠、漏斗状花冠、高脚碟状花冠、钟状花冠、蔷薇状花冠、轮状花冠、唇形花冠、蝶形花冠、舌状花冠、十字形花冠。

（三）雄蕊类型

常见类型有：离生雄蕊、单体雄蕊、二体雄蕊、多体雄蕊、聚药雄蕊、二强雄蕊、四强雄蕊。

多体雄蕊

单体雄蕊

此外，花瓣和萼片在花芽中的排列方式、雌蕊的类型、花药着生和开裂方式、子房的位置、胎座和胚珠的类型等，都是植物分类的重要依据。

二、果实

（一）单果

由一朵花中一个单雌蕊或复雌蕊参与形成的果实，分为肉质果和干果两类。单果在植物界很普遍。

1. 肉质果

（1）浆果。由一个或几个心皮形成，含一粒至多粒种子。外果皮薄，中果皮、内果皮和胎座均肉质化，浆汁丰富。如番茄、葡萄、柿等。

（2）核果。核果是具有坚硬内果皮的一类肉果，通常由单雌蕊发育而成，内含一粒种子。如桃、梅、李、杏等的果。

（3）柑果。由多心皮具中轴胎座的上位子房发育而成，外果皮厚，内部分布许多油囊；中果皮较疏松，具多分枝的维管束（即桔络）；内果皮膜质，分为若干室，向内产生许多多汁的汁囊，是食用的主要部分。

（4）瓠（hú）果。为瓜类所特有，由3个心皮组成，果实的肉质部分是由子房和花托共同发育而成的，因而是假果。南瓜、冬瓜等的食用部分为肉质的中果皮和内果皮，西瓜的主要食用部分为发达的胎座。

（5）梨果。梨果是由多心皮的下位子房和花托愈合发育而成的一类肉质假果。外面很厚的肉质部分是原来的花托，肉质部分以内才是果皮部分。外果皮和花托，以及和中果皮之间均无明显界限可分；内果皮木质化，较易分辨，如梨、苹果、山楂等的果实。

2. 干果

果实成熟时，果皮干燥，有的自行开裂，称为裂果；有的不开裂，称为闭果。

（1）裂果类

①荚果。由一个心皮发育而成。成熟时果皮沿背缝和腹缝两面开裂，如豌豆、大豆、蚕豆等。有些在自然情况下不开裂，如花生、合欢。含羞草、决明等的荚果呈分节状，每节含一粒种子，成熟时分节脱落，这类果实称为节荚果。

②蓇葖果。由一个心皮或离生心皮发育而成，果实成熟时，沿腹缝线（如牡丹、芍药）或背缝线开裂（如荷花玉兰、紫玉兰）。

③蒴果。由两个或两心以上合生心皮发育而成，每室含多数种子。果实成熟时开裂，如百合、牵牛、曼陀罗、马齿苋、车前、虞美人、桔梗、金鱼草等的果实。

④角果。角果是十字花科植物特有的开裂干果，由2个心皮的子房发育而来。子房一室，有假隔膜将子房分隔为两室。果实成熟时，果皮沿两腹缝线裂成两片而脱落，只留假隔膜，种子附于假隔膜上。如油菜、甘蓝、白菜的角果很长，称为长角果；荠菜等的角果较短，称为短角果。

（2）闭果类

①瘦果。瘦果由1~3个心皮组成，内含一粒种子。成熟时，果皮容易与种皮分离。如向日葵的果实。

②颖果。颖果是禾本科植物特有的果实类型。只含一粒种子，果皮与种皮紧密愈合而不易分离，如水稻、小麦、玉米等的果实。

③翅果。翅果的果皮一部分延伸成翅状，有利于果实的散播，如青皮、榆等的果实。

④坚果。坚果的果皮坚硬木质化，内含一粒种子。坚果外面常包有壳斗，如板栗。

⑤双悬果。双悬果由两个心皮的子房发育而成两室。果实成熟时，子房室分离成两瓣，分悬于中央果柄的上端，种子仍包在心皮中，果皮不开裂，如胡萝卜、茴香的果实。

（二）聚合果和聚花果

聚合果是由一朵花中许多离生雌蕊聚生在花托上，以后每一雌蕊形成一个小果，许多小果聚集在同一花托上，如莲、草莓、玉兰、八角、芍药、悬钩子等植物的果实。

聚花果是由生长在一个花序上的许多花的成熟子房和其他花器官联合发育而成的果实，也叫复果，如菠萝的果实。

三、茎

茎的形态多样，因植物种类、生长环境、发育阶段等的不同，差异很大。

1. 根据性质可分为：木本植物、草本植物、藤本植物。

2. 根据生长习性可分为：直立茎（如木棉、高山榕等）、缠绕茎（如茑萝、豌豆等）、攀缘茎（如葡萄、爬墙虎等）、匍匐茎（如草莓、南美蟛蜞菊等）。

水杉的直立茎

鱼黄草的缠绕茎

四、叶

每种植物的叶常有一定的形状，也是分类的基础，常以叶序、叶形、叶尖、叶基、叶缘、叶脉、托叶等为依据。

1. 叶序：指叶在茎上排列的方式，常见的有：互生、对生、轮生、簇生。

2. 叶形：常见的有：针形、线形、剑形、披针形、卵形、圆形、椭圆形、菱形、心形、肾形、三角形、扇形等。

3. 叶尖：指叶片前端约1/3的部分，常见的有：渐尖、锐尖、尾尖、钝形、微凹、倒心形。

4. 叶基：指叶片基部约1/3的部分，常见的有：心形、耳垂形、箭形、楔形、戟形、圆形、偏形。

5. 叶缘：指叶片边缘的形态，包括：全缘、锯齿、牙齿、钝齿、波齿。

6. 叶裂：指叶片边缘的裂口形状，包括：浅裂、深裂、全裂。

7. 脉序：指叶脉在叶片中的排列方式。

可分为网状脉、平行脉等。例如细叶榕、木棉是网状脉；蟋蟀草、竹子等是平行脉；还有些是特殊的叶脉，如蒲葵、银杏等就是特殊的平行脉——射出平行脉。

网状脉

网状脉

平行脉

8. 单叶和复叶

根据一个叶柄所生叶片的数目，植物的叶可分为单叶和复叶。

（1）单叶：在一个叶柄上有一个叶片的叶。

（2）复叶：在一个叶柄上生有多个叶片的叶。依小叶片数与着生方式，复叶有多种形态。例如像鸟的羽毛一样的羽状复叶、手掌般的掌状复叶，还有三出复叶、单身复叶等。

羽状复叶

掌状复叶

三出复叶

植物识别方法

据《广州野生植物》统计，广州地区常见的野生植物有1800多种，隶属于220科855属。外来入侵植物130种，隶属于33科77属。有国家和省级保护植物20多种。如此多的植物，对不熟悉植物的人来说，除了觉得五彩缤纷，还会觉得眼花缭乱、杂乱无章。然而，当我们懂得了一定的植物分类的知识和要点后，就会发现它们各有所属，井井有条。

一般来说，在分类等级中，“科”是一个中级分类单位。有关植物分类的书籍或图谱中，都是以科为基础，进行编排。每个科都有它的一些最基本最常见的特征。例如：十字花科的植物，花冠都呈十字形；唇形科的植物，茎都是四棱形，都有唇形花瓣；芸香科的植物，它的叶片上都有油腺，用手捏一下，可以闻到它特有的芳香气味；夹竹桃科的植物大部分是轮生叶，有乳汁，有毒；豆科植物几乎都是羽状复叶和荚果。

那么，如何识别它们呢？我们以两个基本层面来介绍。

一、说出常见植物的名字

看到某种植物，能叫出这种植物的名称，这是一个最基础的要求。对于大部分中小学生来说，虽然经常看到校园、人行道、公园里的各种植物，但有些植物他们叫不出名字，只知道这棵树很高，那种花很漂亮。如果大家想知道这些植物的名称，怎么办？

（一）看“树牌”：目前很多校园植物、公园里的主要树木，都有植物铭牌，有的是挂在树干上，有的是立在植物前面的空地上。上面列有该植物的名称、科属、物种名称（拉丁文）、简单的特征、分布、用途等，一目了然。

（二）主动请教：孔子曰：“三人行，必有吾师焉。”如果我们在公共场所发现了一些自己感兴趣却又不知道名称的树木花草，可以向周围的人直接请教，例如家长、园林工人等。也许他们正好认识这种植物，就可以告诉你它是什么植物，有什么特点等等。

（三）求教于专家：我们还可以把这种植物的形状大致记下来，事后向亲戚朋友、老师、研究所专家、高校教师等请教。

（四）利用互联网：利用手机、相机等，把看到的不知名的植物拍摄下来（最好能拍到一些特征性的结构，如叶、花、果等），然后通过互联网，向网友直接请教，或者登录一些专门的网站进行鉴别。

（五）利用图鉴或教科书：同样是先把某种植物拍下来，然后到图书馆，查找各种植物图鉴书籍，确定物种。在各级各类的图书馆中，有一些专门的植物分类工具书，包括高校的《植物学》教材，手绘图片的《植物分类》、《中国植物志》等，也包括以相片为主的《中国景观植物》、《广州野生植物》等图册。

（六）对照植物标本，进行鉴别：有条件的话，可以到标本馆去查找相关的标本。

二、掌握植物的识别特征

当同学们认识了很多种植物后，根据各自的兴趣和学习能力，通过课堂、网络等途径，以及一些课外知识的学习，对植物分类有了一定的基础知识，懂得一些常用的分类依据，这个时候，我们就可以在认识植物的同时，掌握该植物的一些基本特征。

（一）学习植物基础知识。从植物的根、茎、叶、花、果实、种子等方面，掌握一些基本的分类常识。

（二）运用学到的植物学知识，简单地对某种植物进行描述。主要是包括对地上部分的描述，例如“常绿阔叶”、“乔木”、“单叶互生”、“针形叶”、“平行叶脉”、“两性花”、“总状花序”、“浆果”等，以及花的颜色、花期、果期等基本信息。

（三）网上分类（科、属、种）检索、学习植物分类

如果同学们已具备一定植物学知识，就可以在网上直接查找。参考网站：

1. CVH植物图片库http://www.cvh.ac.cn

2.《中国植物志》电子版http://foc.lseb.cn/dzb.asp

3. 运用搜索引擎，进行图片搜索，对照某种植物的图片，从而进

一步确认某种植物名称。例如百度图片等。

4. 了解植物分类检索表类型、编制原则等，学会运用植物分类检索表认识植物。

在高校或大型图书馆里，都会有专门的植物分类检索工具书。我们可以通过学习检索表的使用方法，学会检索并鉴定某种植物的种类。

三、使用植物检索表进行植物种类鉴定

植物检索表是鉴定植物的工具。检索表编制方法常用植物形态比较方法，按照划分科、属、种的标准和特征，选用一对明显不同的特征，将植物分为两类，如双子叶类和单子叶类，又从每类中再找相对的特征区分为两类，仿此下去，最后分出科、属、种。常见的植物分类检索表有定距式（级次式）、平行式和连续平行式三种。

以定距检索表为例，它的编制特点是：在定距检索表中，相对应的特征编为同样号码，并书写在距书页左边同样距离处，每次一项特征比上一项特征向右缩进一定距离，如此下去，每行字数减少，直到出现科、属、种。在平行检索表中，每一对相对的特征紧紧相接，便于比较，每一行描述之后为一学名或数字，如是数字，则另起一行。

查用检索表时，首先要能用科学规范的形态术语对待鉴定植物的形态特征进行准确的描述，然后根据待鉴定植物的特点，对照检索表中所列的特征，一项一项逐次检索。首先鉴定出该种植物所属的科，再用该科的分属检索表查出其所属的属，最后利用该属的分种检索表检索确定其为哪一种植物。

例如：以被子植物桃金娘科蒲桃属的蒲桃为例。（摘自《广州野生植物》图册）

桃金娘科 Myrtaceae

乔木或灌木。单叶对生或互生，具羽状脉或基出脉，全缘，常有油点；无托叶。花两性或杂性，单生或排成各式花序；萼管与子房合生；花瓣4~5枚。浆果、蒴果或坚果；种子1至多颗。

广州6属，11种

1.蒴果 ………………………………………………… 2.岗松属 Baeckea

1.浆果或核果。

2.叶为离基三出脉……………………5.桃金娘属 Rhodomyrtus

2.叶为羽状脉。

3.萼片连合成帽状体，花开放时帽状体整块脱落………………
………………………………………3.水翁属 Cleistocalyx

3.萼片分离或花前连合，开花时分裂。

4.果有种子多颗 ……………………… 4.番石榴属 Psidium

4.果有种子1~2颗。

5.果实顶端无突起的萼檐 …………… 1.肖蒲桃属 Acmena

5.果实顶端有突起的萼檐 ……………… 6.蒲桃属 Syzygium

蒲桃属 Syzygium Gaertn

常绿乔木或灌木；嫩枝通常无毛，有时有2～4棱。叶对生，少数轮生，稀互生；革质，羽状脉，有透明腺点。花3朵至多朵。浆果或核果状。

广州地区6种

1.侧脉疏，脉间相隔5~10 mm；花直径大于1cm……1.蒲桃 S.jambos

1.侧脉密而平行，脉间相隔1~4 mm；花直径小于1cm。

2.嫩枝四棱形，偶有二棱。

3.萼管倒圆锥形，长2~4mm；花直径小于1cm …………………
……………………………………2.黄杨叶蒲桃S.buxifolium

3.萼管棒形，长8~13 mm；叶长3~6 cm…………………………
……………………………………3.子凌蒲桃S.champilnii

2.嫩枝压扁或圆柱形。

4.花瓣连成帽状体 …………………… 4.密脉蒲桃S.chunianum

4.花瓣分离。

5.花序腋生 ……………………………… 5.红鳞蒲桃S.hancei

5.花序顶生 ………………………………… 6.山蒲桃S.levinei

这样，通过检索表，我们可以准确地将所要识别的某种植物鉴定为“1.蒲桃S.jambos”。

四、记住常用识别植物的依据

（一）植株整体：常见的植物可以分为树木和花草两大类。树木又可以分为乔木、灌木、藤本等；花草又可以分为一年生草本和多年生草本。

（二）植物叶片：不同植物的叶子，形态多种多样。有单叶、复叶；有网状叶脉、平行叶脉；有针形叶、卵圆形叶；有全缘、锯齿边缘；有互生、对生、轮生叶序等等。有很多植物就是依据叶形来命名的，如半边旗、羊蹄甲、崩大碗等。

（三）植物的茎：大多数植物的茎是圆柱形，但一串红、洋紫苏等唇形花科的植物茎是四棱形；白千层的树皮像很多白纸重叠，又可以剥落成一片片薄薄的薄纸般，很好识别的；樟树的树干有很多深深的裂痕；禾本科植物的茎分节明显，节间通常中空。

（四）植物的花：俗话说，“无花无果，神仙难摸”，意思就是说，有的时候，我们看到一种植物，在没有花和果的辅助识别下，很难对它进行分类。因为很多植物的外观基本相似，但它们花的形状多姿多彩，各有特点，那么在花开的季节，就可以对它进行确切的分类识别。例如：依据花的形状特点，我们可以识别炮仗花、半边莲、绣球花等。利用花序的共同特征，我们可以识别菊科植物（头状花序，舌状花瓣）、葫芦科植物（单性花、雌雄同株）等。

（五）植物的果实：一些果实的形状也可以帮助我们迅速识别某种植物的名称，因为有些植物就是根据它们的果实特点进行命名的。例如：算盘子、人参果、蛇瓜、腊肠树等。

（六）植物的气味：不同的植物具有不同的气味，有些植物的气味非常明显且具有代表性。有时，我们可以靠近或采摘某些植物的叶片，直接感受到它们散发出来的某种特殊气味，帮助我们进行识别。例如：芸香科的植物的叶片，就有它特殊的芳香；鱼腥草的叶有很重的鱼腥味；薄荷的叶、紫苏的叶、樟树的叶、臭草的叶也各有其特有的气味等。相信大家闻过之后，对它们的香味或臭味印象很深，从而加深了对它们的主观认识。

当然，还有更专业的分类依据，这些可以等同学们将来在高校进行专门的、系统的学习。

五、知道植物识别的注意事项

（一）野外识别工具

1. 照相机。一般数码照相机就可以，主要是记录自己识别的植物和不认识的植物，便于询问他人。

2. 植物图鉴。根据不同的地方可以携带不同的植物图鉴，比如主要是认识常见园林绿化植物的可以带园林绿化方面的植物图鉴，如果是认识广州野外的植物为主的就要带《广州野生植物》或《广州植物志》。

3. 记录本。用于记录植物的各方面的信息，用图画和文字描述植物的形态特征和生态环境特征等。同时可以记录自己识别植物的感想和疑惑等。

4. 塑料袋、好易贴、便条纸。可以用袋子装一些落叶、落花、果实等，用于观察或制作植物贴画等。便条纸用于记录所收集到的植物的部分名称并贴在上面，便于识别不同植物的各个部分。

5. 放大镜。观察植物的各个部分，比如有些植物的花很小，可以用放大镜仔细观察花的结构，有利于辨认植物。

（二）野外识别要求

1. 要仔细观察植物的整体，掌握植物茎、叶、花和果实的特点。高大的乔木观赏其花果的时候要注意，不要爬树或把枝条掰下来观察，以防掰断，伤了植物和自己。

2. 用手摸植物和用鼻子闻植物的气味时，要注意安全，鼻子不要靠太近，可以用手撕开或搓碎植物叶子闻气味，用手摸植物或搓植物的叶后，不要把手放到嘴里；更不要随便尝植物叶、花和果实的味道，因为有些植物的乳汁、花、叶、果实是有毒性的。

3. 不要随便采摘植物的枝条和花果等，要爱护植物和保护植物。尽量不用采集植物的方式来认识植物，而采用照相、摄像、画画、描述等方式记录植物的形态特征和不认识的植物。

4. 植物多的地方或野外要注意有昆虫、蛇等动物，最好带一些防蚊水、防过敏等的药物。

5. 观察植物要及时用笔记录和照相，回去后及时整理资料，防止遗忘和丢失。

植物种类中文名笔画索引

一画

一品红……………………（58）
一串红……………………（118）

二画

九里香……………………（80）

三画

大叶紫薇…………………（41）
小叶米仔兰………………（81）
马缨丹……………………（117）
大王椰子…………………（136）

四画

乌毛蕨……………………（25）
巴西野牡丹………………（47）
火炭母……………………（51）
木棉………………………（54）
月季花……………………（62）
凤凰木……………………（65）
毛杜鹃……………………（89）
云南黄素馨………………（94）
长春花……………………（96）
车前草……………………（110）
少花龙葵…………………（113）
五爪金龙…………………（115）
水鬼蕉……………………（131）
水蜈蚣……………………（138）
牛筋草……………………（140）

五画

半边旗……………………（22）
白兰………………………（32）
叶下珠……………………（59）
台湾相思树………………（63）
白花油麻藤………………（70）
龙眼………………………（84）
龙船花……………………（101）
玉叶金花…………………（102）
白花鬼针草………………（107）
加拿大蓬…………………（108）
白蝶合果芋………………（127）

六画

芒萁………………………（19）
华南毛蕨…………………（24）
竹柏………………………（30）
阴香………………………（34）
红花酢浆草………………（37）
红果仔……………………（44）
红千层……………………（45）
朱槿………………………（52）
红背桂……………………（56）
红花檵木…………………（71）
芒果………………………（85）

华灰莉……………………（91）
夹竹桃……………………（98）
向日葵……………………（105）
朱蕉………………………（126）

七画

苏铁………………………（27）
含笑………………………（33）
杨桃………………………（38）
含羞草……………………（64）
鸡冠刺桐…………………（68）
冷水花……………………（78）
花叶鹅掌藤………………（88）
何氏凤仙…………………（90）
鸡蛋花……………………（99）
希茉莉……………………（103）
花叶艳山姜………………（122）
龟背竹……………………（128）
两耳草……………………（139）

八画

肾蕨………………………（26）
侧柏………………………（28）
细叶萼距花………………（39）
使君子……………………（48）
细叶榄仁…………………（49）
变叶木……………………（57）
爬墙虎……………………（79）
茉莉………………………（93）
狗牙花……………………（95）
金露花……………………（116）
沿阶草……………………（124）
虎尾兰……………………（125）
软叶刺葵…………………（134）
狗尾草……………………（141）

九画

南洋杉……………………（31）
美丽异木棉………………（53）
垂柳………………………（60）
宫粉羊蹄甲………………（66）
荔枝………………………（83）
南美蟛蜞菊………………（104）
胜红蓟……………………（109）
牵牛花……………………（114）
洋紫苏……………………（119）
炮仗花……………………（120）
美人蕉……………………（123）

十画

海金沙……………………（20）
铁线蕨……………………（23）
莲…………………………（36）
海桐花……………………（43）
海南杜英…………………（50）
高山榕……………………（75）
桑…………………………（76）
桂花………………………（92）
蚌花………………………（121）
海芋………………………（130）

十一画

黄槐………………………（67）
黄榕………………………（73）
黄葛榕……………………（74）
崩大碗……………………（86）

黄蝉………………………… （97）
黄鹌菜……………………… （106）
绿萝………………………… （129）

十二画

落羽杉……………………… （29）
紫薇………………………… （40）
琴叶珊瑚…………………… （55）
番木瓜……………………… （61）
塞楝………………………… （82）
棕竹………………………… （132）
散尾葵……………………… （133）
短穗鱼尾葵………………… （137）

十三画

蜈蚣草……………………… （21）
睡莲………………………… （35）
蒲桃………………………… （46）
福建茶……………………… （111）
矮牵牛……………………… （112）
蒲葵………………………… （135）

十四画

蔓花生……………………… （69）
榕树………………………… （72）

十六画

薜荔………………………… （77）
澳洲鸭脚木 ……………… （87）
糖胶树……………………… （100）

十七画

簕杜鹃……………………… （42）

芒萁 Dicranopteris pedata 里白科 > 芒萁属

芒萁的营养叶

芒萁属于古老的蕨类植物，由于蕨类植物的若干种类有细裂如羊齿的叶片，因此最早研究它们的科学家就把它们形象地称为“羊齿植物”。

[特征]

芒萁为多年生草本，高达1.2米。叶柄长可达60多厘米，2~3回分杈，叶片细裂如羊齿。孢子囊着生于叶片背面。

[用途]

人工栽培多用于高速公路边坡绿化。芒萁大量生长于酸性红壤的山坡上，是酸性土壤指示植物，也是水土保持及改良土壤的好帮手。根、茎、叶入药。也可用叶柄编织手工艺品。

芒萁的生殖叶

海金沙 Lygodium japonicum 海金沙科 > 海金沙属

海金沙属于古老的蕨类植物，因其孢子可入药，孢子细如海沙，色黄，故名“海金沙”。该种与小叶海金沙相似。

[特征]

多年生攀缘草本植物，产生孢子的叶片（生殖叶）与进行光合作用的叶片（营养叶）形状不同。与小叶海金沙相似，但后者叶小，小羽片基部有膨大关节。

海金沙的孢子囊群

小叶海金沙的孢子叶

[用途]

茎叶亦可入药，该种入药已有悠久的历史，也是华南等地应用最普遍的凉茶植物之一。

蜈蚣草

Pteris vittata　凤尾蕨科 > 凤尾蕨属

形如蜈蚣又能治疗蜈蚣咬伤的蜈蚣草，属于蕨类植物，因叶片细裂如蜈蚣状，入药又能治疗蜈蚣等毒虫咬伤，故得名。

蜈蚣草的孢子叶

蜈蚣草的孢子囊群

[特征]

草本，高达1米。叶片长达80厘米，一回羽状开裂，形似多脚蜈蚣。孢子囊沿着裂片边缘呈线状排列。

[用途]

全草入药，有祛风活血、解毒杀虫之功效。适应性强，也用于边坡绿化或园林观赏。

半边旗 Pteris semipinnata 凤尾蕨科 > 凤尾蕨属

叶子只有一半的蕨类植物——半边旗。半边旗叶片裂成羽毛状，只有一半，形如旗子，故名“半边旗”。

[特征]

草本植物，高达80厘米，叶柄紫黑色，四棱形。

[用途]

半边旗全草入药，有清热解毒、消肿止痛之功效。

[近似种]

井栏边草是与半边旗同样常见的凤尾蕨属植物，但前者叶片不是只有“一半”。区别明显。

半边旗的孢子叶

同属的井栏边草孢子叶

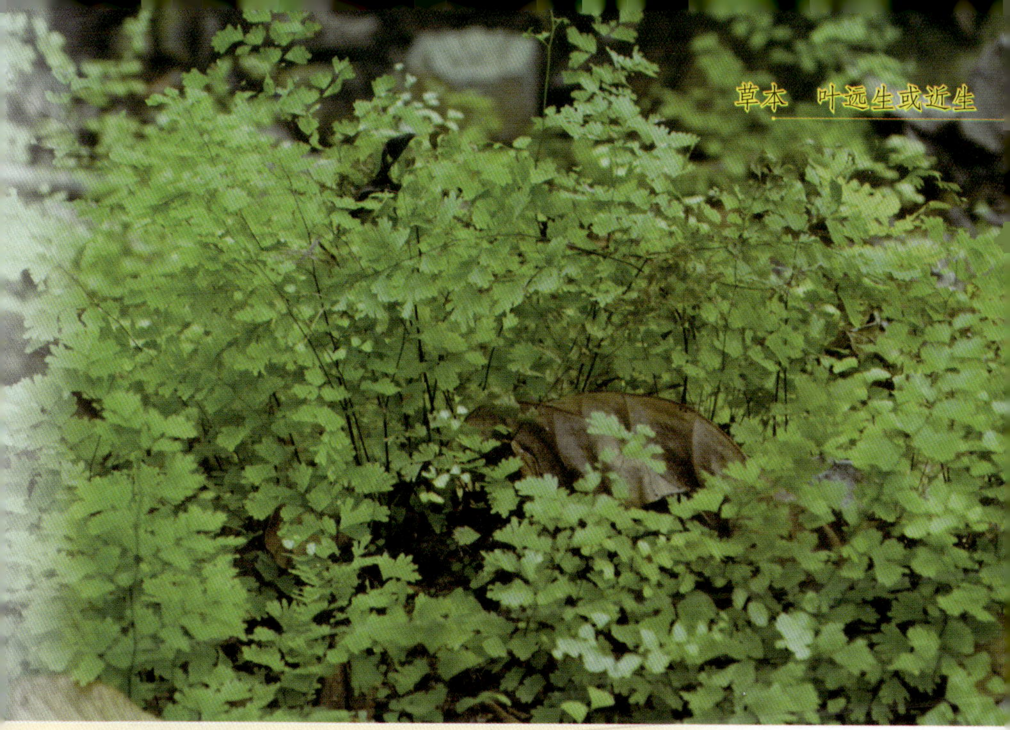

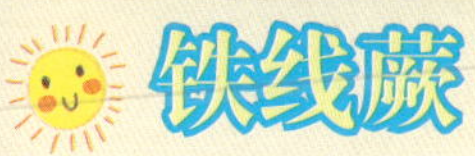

铁线蕨 Adiantum capillus-veneris 铁线蕨科 > 铁线蕨属

铁线蕨因其叶柄细长且颜色乌黑光亮似铁丝，故名“铁线蕨”。

[特征]

多年生草本植物，高达50厘米，淡绿色叶片配着乌黑光亮的叶柄，显得格外优雅飘逸。

铁线蕨的叶

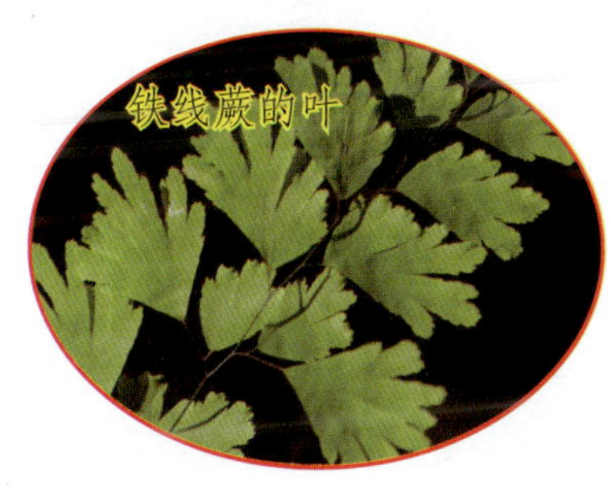

[用途]

铁线蕨具有较高的观赏价值，也是钙质土指示植物。全草入药。

半月形铁线蕨

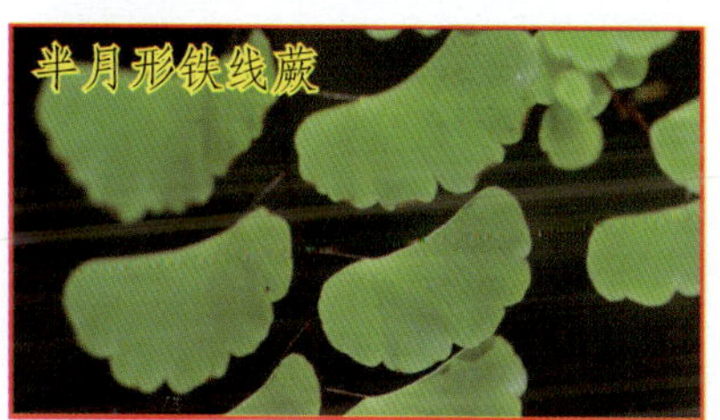

[近似种]

半月形铁线蕨与铁线蕨相近，但前者叶片裂得较浅。

华南毛蕨 Cyclosorus parasiticus 金星蕨科 > 毛蕨属

华南毛蕨是一种常见的蕨类，生于林缘、沟边或路旁。

华南毛蕨的营养叶

[特征]

草本，高达80厘米。叶柄与叶片两侧均被柔毛，叶片二回羽状分裂，羽片12~16对。

华南毛蕨的孢子叶

[用途]

华南毛蕨全草入药，具有清热祛湿之功效；根茎入药，可解毒镇惊，治痫疾。

乌毛蕨 Blechnum orientale 乌毛蕨科 > 乌毛蕨属

乌毛蕨是华南地区常见的中大型蕨类，外形美观，形似苏铁，有苏铁之风韵，嫩叶拳卷状，常为红色。

乌毛蕨嫩叶拳卷状

[特征]

乌毛蕨高可达2米。叶片一回羽状分裂，其叶背孢子囊沿小叶中脉两侧呈线状生长。

乌毛蕨幼叶常红色

[用途]

适应性强，可作公路边坡绿化或园林栽培观赏。根茎入药，有清热解毒、杀虫、止血的功效。

肾蕨 Nephrolepis cordifolia 肾蕨科 > 肾蕨属

肾蕨因孢子囊为肾脏形，故名“肾蕨”。

肾蕨的孢子叶

[特征]

草本植物，高达70厘米。成丛生长，叶片长30~70厘米，叶色淡绿且具光泽，叶片展开后下垂，十分优雅，丰满的株形富有生气和美感。

[用途]

广泛应用的观赏蕨类，栽培容易，株形直立丛生，复叶深裂奇特，叶色浓绿且四季常青，形态自然潇洒，广泛应用于客厅、办公室和卧室的美化布置，用作吊盆式栽培更是别有情趣，是室内装饰极理想的材料。全草可入药。块茎富含淀粉，可食。

苏铁雌花序

苏铁 Cycas revoluta　苏铁科 > 苏铁属

曾与恐龙同时称霸地球的活化石植物，是古老的裸子植物，因其木密度大，沉重如铁，入水即沉，故又名“铁树”。与大多数裸子植物一样，胚珠裸露，种子没有果皮包被。野生的苏铁属于国家一级重点保护植物。

[特征]

苏铁属于雌雄异株植物，雄花序圆柱状，雌花序球状。种子大小如鸽卵，略呈扁圆形，少则几十粒，多则上百粒，簇生于树顶，有人称之为“孔雀抱蛋”。

苏铁雄花序

[用途]

苏铁具有很高的观赏价值，根、叶、花和种子均可入药。

侧柏的雌花序

侧柏 Platycladus orientalis 柏科 > 侧柏属

侧柏生长缓慢，木材细腻、纹理好，是上等木材，适应性强，寿命可达几千年，很多寺庙、古刹中的千年古柏多为侧柏。

侧柏的雄花序

[特征]

常绿乔木，高可达20米。叶片呈鳞形，长1~3毫米。花单性，雌花被白粉，球果也被白粉。

[用途]

木材纹理细密、坚实。种子和嫩枝叶可入药，有强壮滋补和健胃功效。北方很多地方清明节时要在屋檐上插入柳树和侧柏的枝条。

落羽杉 Taxodium distichum 杉科 > 落羽杉属

落羽杉，也是古老的裸子植物，属于孑遗植物，因叶片像片片羽毛，冬天落叶，故得名。又因落羽杉喜生于水中，木材坚硬不易腐烂，故被称为“永不腐朽之木”。

落羽杉的叶

[特征]

落叶大乔木，高达25米，树干通直。细小的条形叶互生，在小枝上分两列排列，看起来好像羽毛一样。

落羽杉的果

[用途]

落羽杉落叶前叶片呈红色，观赏性高。

[近似种]

水杉的外形与落羽杉相似，但水杉的叶为对生。

竹柏 Podocarpus nagi 罗汉松科 > 竹柏属

别名竹叶柏、罗汉柴，起源距今约1亿5500万年前的中生代。其叶形奇特，终年苍翠，树干修直，造型优美。

竹柏的花

竹柏的种子

[特征]

乔木，外皮片状剥落。枝叶青翠而有光泽，树冠浓郁，树形美观。单叶对生，但无叶柄，具有多条平行脉，叶片长3~9厘米，宽1~2.5厘米。种子球形，外被白粉。

[用途]

竹柏的抗病虫害能力强，常作为观赏树木，在公园、庭院、小区、街道等地种植。另外，竹柏入药可治疗骨折、外伤出血等症。

南洋杉 Araucaria cunninghamii　南洋杉科 > 南洋杉属

南洋杉也属于古老的裸子植物，原产于大洋洲。

南洋杉的叶

[特征]

乔木，树形高大，树形为尖塔形，枝叶茂盛，枝条斜上伸展，微向上弯，叶片呈三角形或卵形。

[用途]

由于株型美丽，具有极高的观赏价值，主要用于观赏，也可盆栽，常用于制作圣诞树。木材优良。

南洋杉的枝条

荷花玉兰的花

白兰 Michelia alba 木兰科 > 含笑属

白兰花是热带植物，喜欢在阳光充足的地方生长，在广州的公园、小区、绿化带常有栽种。

白兰花的整株

[特征]

常绿乔木，高达17～20米。叶长椭圆形，青绿色，叶表面光滑。在茎的节上有托叶环。花单生，米白色，花瓣8枚，有香味，花蕾像毛笔的笔头。

[用途]

绿化、观赏植物，花可入药和做香水的配料。

[近似种]

荷花玉兰与该种相似，但前者叶背面有褐色的绒毛，花大，区别明显。

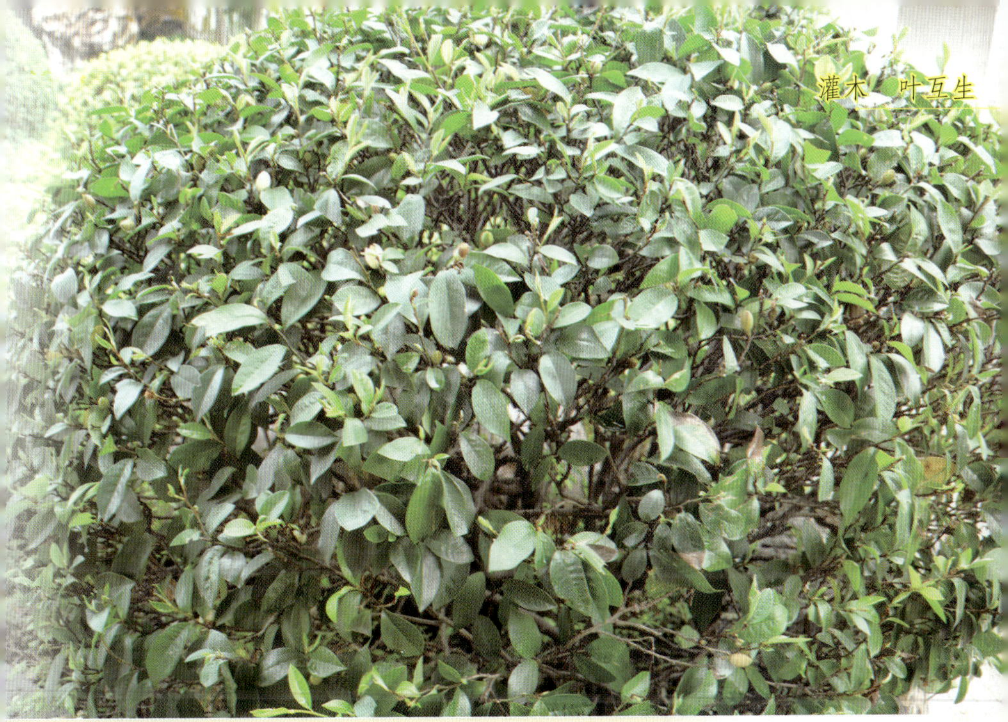

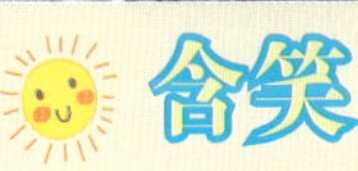

含笑 Michelia figo　木兰科 > 含笑属

含笑喜欢阳光充足和湿润的环境，不耐寒。其花常不开全，犹如含笑的美人，故名“含笑”；花香味如香蕉的气味，故又名“香蕉花”。

[特征]

树枝多而密，组成圆锥形的树冠，小枝和叶柄上被有褐色的茸毛。叶质比较硬，椭圆形。花单生，小而直立，乳黄色，花瓣边缘带一点紫色，花瓣6枚，有浓郁香味。

[用途]

绿化、园林植物。可提炼芳香油。对氯气具较强抗性。

[近似种]

紫花含笑的叶形与花跟含笑类似，但前者花为紫色。

紫花含笑

含笑的花

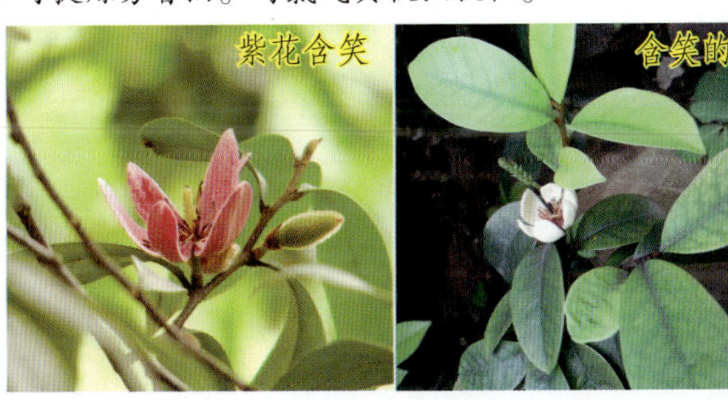

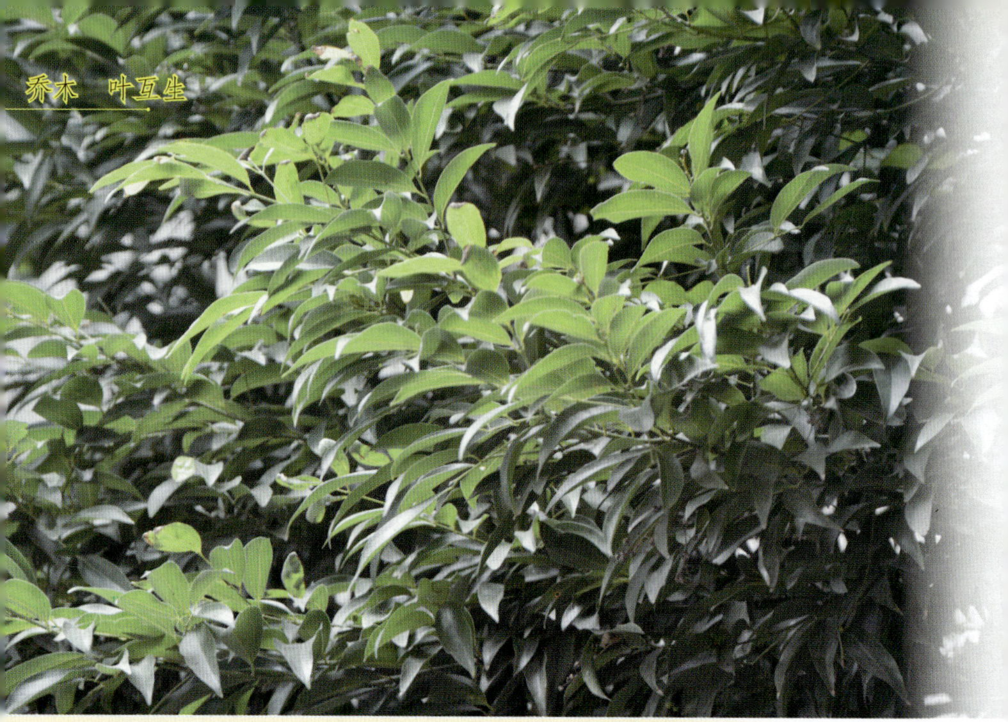

阴香 Cinnamomum burmannii 樟科 > 樟属

别名为：山玉桂、野玉桂、香胶叶。喜欢阳光、温暖、潮湿的环境。

[特征]

树干明显，树枝多而聚于顶部，树冠像伞或近圆形。叶质比较硬，叶面光亮，叶背粉绿色、晦暗；叶有离基三出脉。花是聚伞花序，花小，绿白色。

阴香的果

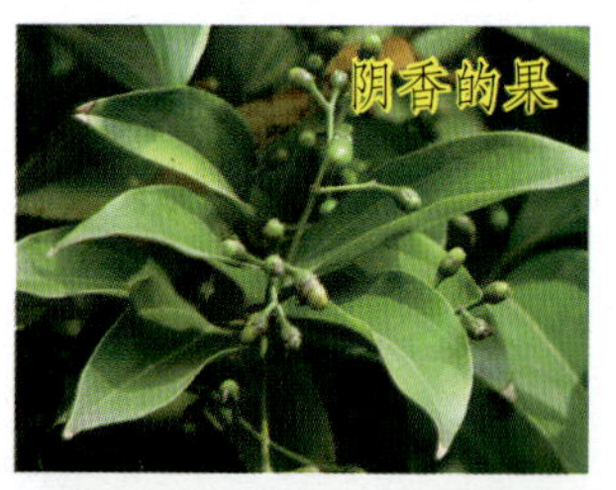

[用途]

庭院、绿化植物；叶可入药，树皮可提炼芳香油；木材可用作建筑、家具等用途。

樟树的花序

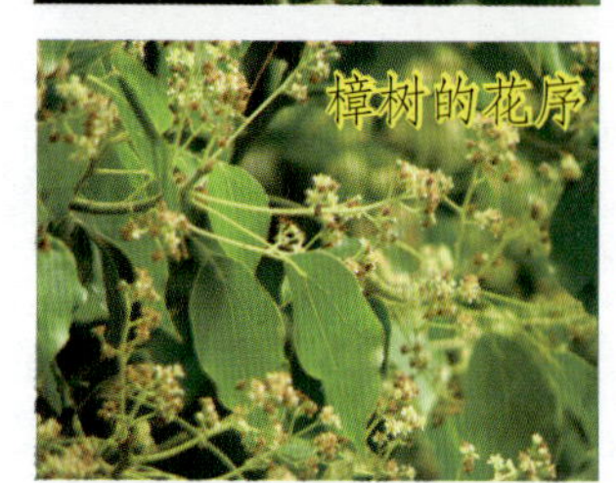

[近似种]

樟树与该种相似，但樟树脉腋有腺体，阴香没有，樟树的树干有裂纹。

蓝睡莲

睡莲 Nymphaea tetragona 睡莲科 > 睡莲属

睡莲又称子午莲。睡莲是印度、泰国、孟加拉国、柬埔寨的国花。蓝睡莲是埃及的国花，常被誉为“佛教圣花”。

[特征]

叶浮于水面而不显著高于水面，与荷花不同。花瓣有粉红、白、黄等各种颜色，白天开放，夜晚闭合，故名“睡莲”。

[用途]

主要用于观赏，可净化水体。根茎可食用和入药。

莲 *Nelumbo nucifera* 睡莲科 > 莲属

莲原产我国，又名“荷花”，是我国的十大名花之一。几千年来，文人墨客咏荷的文学作品数不胜数，其中最为脍炙人口的就是北宋周敦颐的《爱莲说》中的“出污泥而不染，濯清涟而不妖”的名句，也使荷花被誉为“花中君子”。

重瓣荷花

[特征]

叶大多数挺出水面，圆形，叶大而表面披有密密的茸毛。花有各种颜色，有单瓣和重瓣。莲蓬内的莲子是荷花的果实。

莲花和莲蓬

[用途]

主要用于观赏。全株可入药。莲子、莲藕可食用。

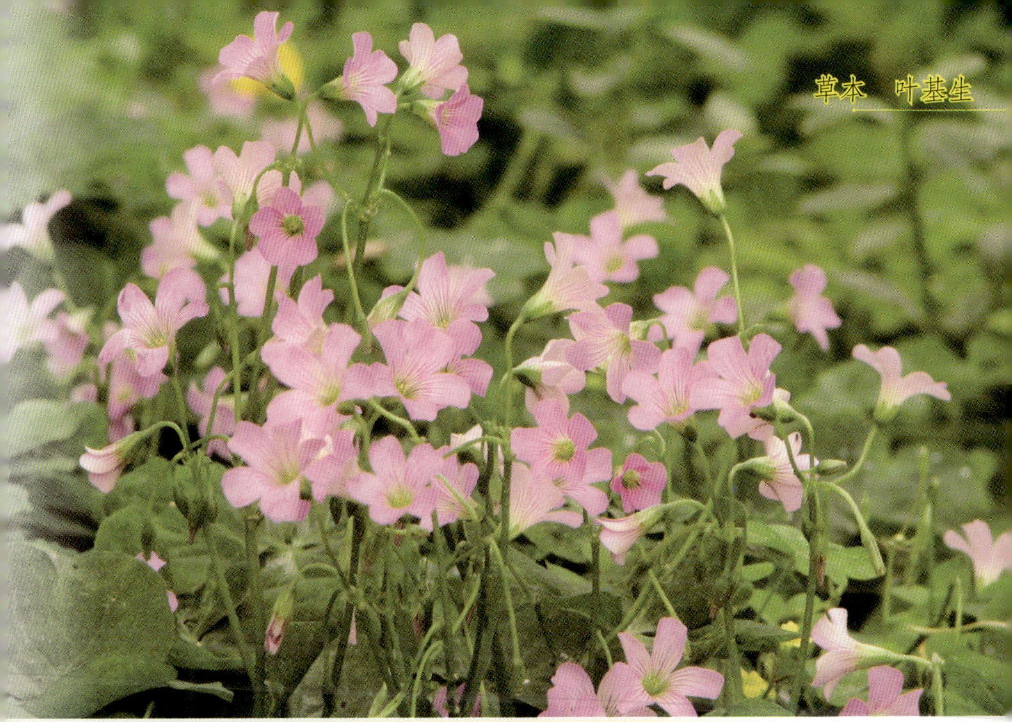

红花酢浆草 Oxalis rubral 酢浆草科 > 酢浆草属

别名为："三叶草"、"花花草"等，常生长于山地、田野、庭院、草地和路边。

[特征]

整株植物披有白色的细纤毛。叶柄很长，3片小叶组成掌状复叶。花是伞形花序，花小，淡紫红色，有深色条纹，花瓣5枚。果实蒴果，圆柱形，披有柔毛。

[用途]

园林植物，可用于布置花坛、花径和盆栽。全株可入药。

[近似种]

酢浆草与该种相似，花为黄色、花冠较小，有地上茎，茎多分枝。

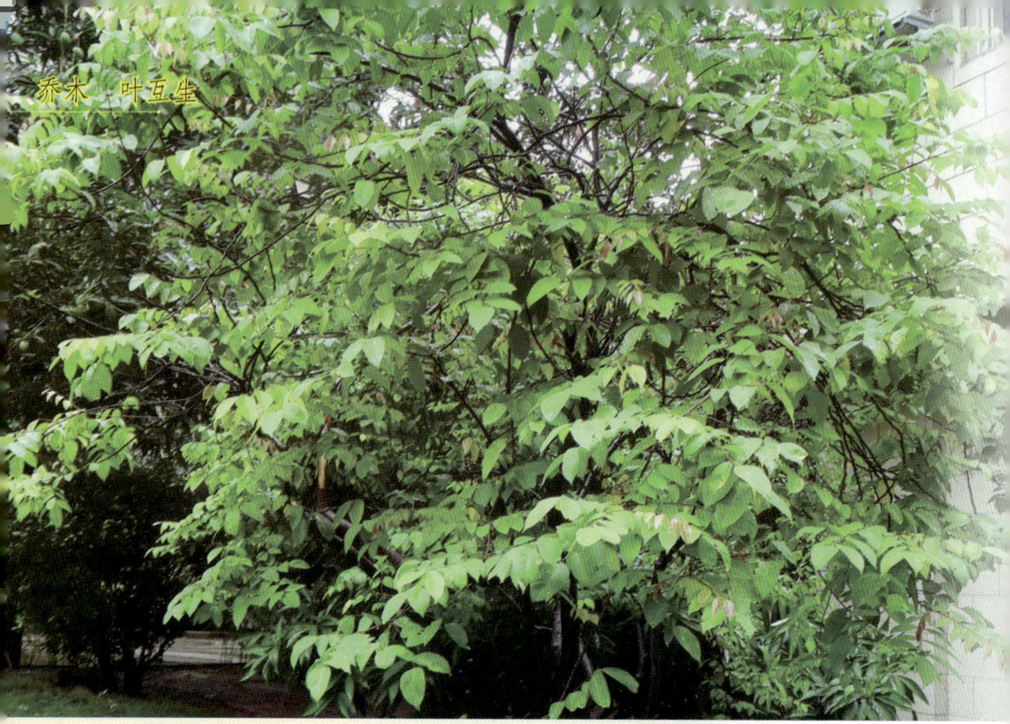

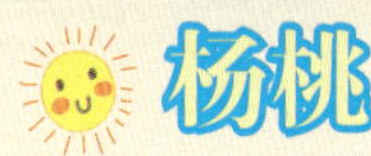

杨桃 Averrhoa carambola 酢浆草科 > 杨桃属

杨桃是岭南佳果之一，果实爽甜多汁，含多种营养成分及大量的挥发性成分。

杨桃的花

杨桃果实

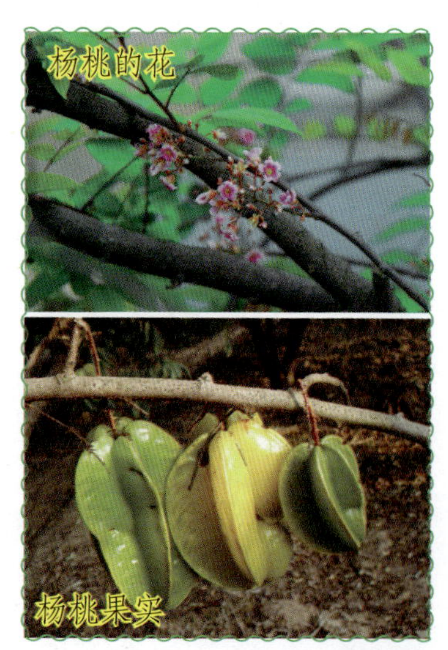

[特征]

整株可高达12米。幼枝为橙红。花小，淡紫色。果实为肉质浆果，通常为五棱形。

[用途]

杨桃的果实药用可提高胃液的酸度，促进消化，消除咽喉炎症及口腔溃疡。

细叶萼距花 Cuphea hyssopifolia 千屈菜科 > 萼距花属

细叶萼距花的花很小而且多，盛开时布满花坛，好像繁星点缀，故又名“满天星”。

细叶萼距花的叶

[特征]

植株矮小，分枝多而密。叶卵状披针形，叶和茎上都有茸毛。花单生，花小，紫色，花萼像高脚碟状。

细叶萼距花的花

[用途]

观赏。可用于布置花坛、花径和盆栽。

紫薇 Lagerstroemia indica 千屈菜科 > 紫薇属

紫薇原产我国，是一种适应性很强的长寿树。中国唐朝时期常栽种于长安宫廷中，后传入其他国家。又名“痒痒树”。

[特征]

紫薇是落叶乔木。树形婆娑，树皮剥落后平滑呈褐紫色；叶对生或近对生，长椭圆形；圆锥花序长在枝条的顶端，花红、紫红、白等颜色，花瓣6枚。

紫薇的花

[用途]

绿化、观赏树种。能吸有毒气体和吸滞粉尘，是城市、厂矿绿化的理想树种。

紫薇的果实

大叶紫薇 Lagerstroemia speciosa 千屈菜科 > 紫薇属

大叶紫薇又称大花紫薇。大叶紫薇的树皮黑褐色，树枝会有很多分杈，树的形状多像圆伞，夏季开花时，花大色艳，极为壮观。

大叶紫薇的未成熟的果实

[特征]

落叶大乔木，落叶前叶的颜色会变为紫红色。花形较大，花瓣颜色为淡紫色。果实是茶褐色，会由圆球形裂成六片。

[用途]

大叶紫薇主要用于观赏，各式庭院、校园、公园、路边等常有栽培。根和叶也有药用价值。

大叶紫薇的花

簕杜鹃 Bougainvillea glabra 紫茉莉科 > 叶子花属

簕杜鹃原产于中美洲，很早被中国引种。簕杜鹃花色非常丰富，品种繁多，易于栽种，广州路边、公园、庭院等常见。又被称为“叶子花”、“三角梅”等。

[特征]

茎上有刺，并被有密密的茸毛。花生于色泽艳丽的苞叶（花苞）中，花很小，颜色呈米白色、黄色、黄绿色等，包叶有各种鲜艳颜色常被误认为花瓣。

[用途]

绿化、观赏植物。

簕杜鹃的苞叶和花

簕杜鹃的苞叶

海桐花 Pittoaporum tobira 海桐花科 > 海桐花属

海桐花对气候适应性比较强，既耐寒又耐热，所以分布比较广。

海桐花的叶

海桐花的花

[特征]

树冠比较大，枝叶茂盛。叶革质，狭长，倒卵形，叶面光亮。花聚集在顶部成伞形，5个花瓣，花小白色，慢慢变黄色，有香味。卵形蒴果。

[用途]

绿化、观赏植物。抗二氧化硫等有害气体性能强，能作为厂矿的绿化树种。叶可以解毒、止血，根、种子也可入药。

红果仔 *Eugenia uniflora* 桃金娘科 > 番樱桃属

红果仔原产巴西，喜欢温暖潮湿的环境，不耐寒，也不耐干旱。其果实很有特色，所以又名“番樱桃”、“巴西红果”、“棱果蒲桃”。

[特征]

枝条多而密，树形婆娑。叶卵状披针形，比指甲稍微大一些，叶表面光亮，嫩叶为红色。果实成熟时为红色，犹如樱桃，有8棱，表面光亮。

红果仔的果实

红果仔的叶

[用途]

园林绿化、观赏树种。果实可食用。

红千层的花

红千层 Callistemon rigidus 桃金娘科 > 红千层属

红千层是热带树种，原产澳大利亚，喜欢温暖潮湿的环境。其花像刷瓶子的刷子，故又名“瓶刷木”。

串钱柳（垂枝红千层）

串钱柳的花

[特征]

常绿。叶是披针形，嫩枝和嫩叶披有白色的茸毛。花聚生在枝条的顶部，穗状花序，花瓣绿色，红色的花蕊，观赏部分主要是雄蕊。

[用途]

园林绿化、观赏树种。果实可食用。枝叶可入药，主治感冒等。

[近似种]

串钱柳与红千层的区别在于其枝条柔软下垂，花顶生于枝条末梢，圆柱形穗状花序，随着枝条下垂。白千层花白色，且树皮似多层纸叠在一起，故又名千层纸。

蒲桃的花

蒲桃 Syzygium jambos 桃金娘科 > 蒲桃属

蒲桃又名“水蒲桃”、“香果”、“铃铛果”等，是原产东南亚的果树。

蒲桃的果实

[特征]

叶披针形，长而多，约12厘米。花聚生在枝条的顶部，聚伞花序，花黄绿色，雄蕊多而长。果实圆形，浆果，种子的种皮干化，使果实里面中空，内有种子1~2颗，摇之会响。

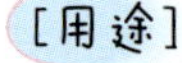

[用途]

可做观赏树、防风树。果实可食用。花、种子和树皮可入药，治疗糖尿病和痢疾等。

[近似种]

洋蒲桃与该种相似，但洋蒲桃果实钟形或梨形，果皮红色，光亮。

洋蒲桃

巴西野牡丹 Tibouchina semidecandra 野牡丹科 > 蒂牡花属

巴西野牡丹原产巴西，喜欢阳光充足的环境。花期很长，在广州以南地区，几乎全年开花。

[特征]

常绿灌木。枝条红褐色，叶对生，披针形，叶的两面都有密集的茸毛。花单生，比较大，花初开时为深紫蓝色，渐渐变为紫红色，花瓣5枚，花蕊白色。

巴西野牡丹的花

[用途]

观花植物。果实可入药，有清热解毒等功效。

[近似种]

野牡丹与该种相似，但前者花瓣粉红色，且花蕊非白色。

野牡丹

使君子 Quisqualis indica 使君子科 > 使君子属

使君子是一种历史悠久、古今中外著名的驱虫药。药用之名始载《开宝本草》。

[特征]

落叶攀缘状藤本植物。叶是椭圆形，叶柄、叶背面和嫩叶披有棕黄色柔毛。花是穗状花序，花刚开时为白色，渐渐变成深红色，花瓣5枚。果为核果，青黑色或褐色。

使君子的枝叶

使君子的花

[用途]

药用、观赏、绿化。

细叶榄仁的叶

细叶榄仁 Terminalia amtay 使君子科 > 榄仁属

细叶榄仁原产非洲热带，喜欢阳光充足的环境。其树形高而飘逸，枝条柔软向四周伸展，层层向上生长，春季嫩叶翠绿优雅，冬季秃枝秀美挺拔。

[特征]

树高达18米，侧枝层层向四周伸展，树冠像层伞形。叶枇杷形，具有短绒毛，叶柄短。花很小，穗状花序。果是核果，纺锤形。

[用途]

园林、庭院绿化树种，行道树、海岸树种。

细叶榄仁的枝条

海南杜英 Elaeocarpus hainanensis 杜英科 > 杜英属

海南杜英又叫水石榕，是一种常见的绿化树种，常植于水边。

[特征]

树冠婆娑成层，叶聚生在枝条的顶部。叶狭披针形或倒披针形，叶边缘有小齿。花像白色的小吊钟，有香味，花瓣的顶端开裂成一丝丝。果实是核果，形状像中间鼓起的毛笔头。

海南杜英的花

尖叶杜英的花

[用途]

庭院绿化树种，行道树。

[近似种]

尖叶杜英与该种相似，但尖叶杜英的叶比海南杜英大。

火炭母 Polygonum chinensis 蓼科 > 蓼属

火炭母喜欢温暖湿润的环境，一般生长在灌丛、水沟边或湿地上。是广东省地区常用的一种中草药。

火炭母的花和叶

[特征]

多分枝，茎在地上匍匐生长，靠近地面的节处会长出根，嫩枝紫红色。叶卵状长椭圆形或卵状三角形，叶表面常有V形的黑纹。花比较小，白色、淡红色或紫色。

[用途]

全株可入药，可用于治疗感冒、流行性腮腺炎、扁桃腺炎等。园林垂直绿化的植物，适合庭院、花径或建筑物周围栽植。

金球朱槿

朱槿 Hibiscus rosa-sinensis 锦葵科 > 木槿属

朱槿又名“大红花”、“扶桑”、“赤槿”等。朱槿品种繁多，花大如牡丹，颜色艳丽，是著名的观赏植物。

[特征]

分枝多，枝叶茂盛。叶卵形，叶边缘有粗锯齿，有细长线性的托叶。花单生，很大，有单瓣和重瓣，颜色有红、黄、粉、白等。

朱槿的花

[用途]

园林绿化。叶可食用。根、茎、叶和花可入药。

[近似种]

悬铃花与朱槿类似，但悬铃花花瓣红色或粉红色，花开时不完全展开，像风铃，花蕊吐出在花瓣外。

悬铃花

美丽异木棉

Chorisia speciosa　木棉科 > 异木棉属

美丽异木棉原产南美洲，冬季开花，紫红色的花开满枝头，绚烂多姿，故又名“美人树”。

美丽异木棉的树干

[特征]

落叶乔木，高达10～15米。树干上长有突刺，树干的下部比较粗大，像酒瓶。叶是掌状复叶。花单生，淡紫红色，花瓣5枚。果是蒴果，椭圆形，像木瓜。

[用途]

庭院绿化树种，行道树。

美丽异木棉的花

木棉 Bombax malabaricum 木棉科 > 木棉属

木棉又名“英雄树”，是广州市的市花。

木棉的花

[特征]

落叶大乔木，高达10～25米。树干的下部有密生粗短的大刺，枝干上也长有圆锥形的刺。叶是掌状复叶。春先开花后长叶，花单生，红色，花瓣5枚。果是蒴果，大，椭圆形。

木棉的叶

[用途]

庭院绿化树种，行道树。

琴叶珊瑚

Jatropha integerrima　大戟科 > 麻疯树属

琴叶珊瑚因叶型似琴，花朵虽然不大，但花期长，无论什么时候，都可以看到它开花，而且长得像樱花，所以叫做“日日樱”、“琴叶樱”。

琴叶珊瑚的雄花和果实

琴叶珊瑚的雌花

[特征]

植物体有乳汁。花瓣颜色红色，而且为单性花，雌花、雄花都长在同一株植物上，果实成熟时为黑褐色。琴叶珊瑚还有一种粉红色品种。

[用途]

观赏。

红背桂 Excoecaria cochinchinensis 大戟科 >海漆属

红背桂也称“青紫木”，随风吹动，红绿翻掀，乍看上去好似满树红花。

[特征]

植株丛生，多分枝；叶狭长卵形，叶面绿色，叶背红色，花单性，雌雄异株，花小，小花淡黄色。茎叶有白色乳汁。

[用途]

园林绿化，可做绿篱植物，抗污染植物。全株可入药，有通经活络、止痛的功能。

红背桂的叶（正面）

红背桂的叶（背面）

变叶木 Codiaeum variegatum 大戟科 > 变叶木属

变叶木的品种繁多，叶形、颜色丰富多彩，形成绚丽的风景。有的品种叶上有大小不同金黄色的斑点，故又名“洒金榕”。

柳叶变叶木的叶

[特征]

叶的形态多样，有披针形、卵形、细长线形等，还有波浪形、扭曲状的叶，叶的颜色有红、黄、白、紫等，有的多种颜色掺杂在一起，非常美丽。

彩斑长叶变叶木的叶

[用途]

观叶植物，美化庭院、绿地和公园。

一品红 Euphorbia pulcherrima 大戟科 > 大戟属

一品红花期从12月至来年的2月，花期时正值圣诞、元旦期间，故又名为“圣诞花”。红色的苞片绚烂无比，非常适合节日的喜庆气氛。

[特征]

树高50~300厘米，茎光滑，茎叶含白色乳汁。叶卵状椭圆形，有浅裂；顶层色彩鲜艳的苞片（变态叶）常被误认为花瓣，其实真正的花是苞片中间黄绿色的小花，主要观赏的部分是苞片。整株有毒。

一品红的苞片和花

一品红的叶子

[用途]

绿化、观赏。可作药用植物，有活血化瘀、接骨消肿的作用。

叶下珠 Phyllanthus urinaria　大戟科 > 叶下珠属

叶下珠生长在路边、旷野、园圃，喜欢潮湿的环境。果实长在叶背面，因此得名“叶下珠”。它的叶子白天打开，晚上闭合。

[特征]

植株高20~60厘米，小叶长椭圆形，排列在枝条的两侧，像羽毛一样。开白色小花。果实长在叶的叶腋里，扁圆形，像小珍珠在叶背面的枝条上排成一排，果实成熟时为赤褐色。

[用途]

药用，可治疗暑热痢疾等，外治毒蛇咬伤、头蛇疮等。

叶下珠的花和果实

垂柳 Salix babylonica 杨柳科 > 柳属

垂柳常栽种在湖边、堤岸等地方。树形优美，枝条繁多柔软，中国古代有很多诗歌是描写垂柳的，其中唐朝贺知章的《咏柳》更是脍炙人口：碧玉妆成一树高，万条垂下绿丝绦。不知细叶谁裁出，二月春风似剪刀。

[特征]

小枝细长，枝条非常柔软，细枝下垂，长度有1.5~3米。叶狭披针形至线状披针形，叶缘有细锯齿，表面绿色，背面蓝灰绿色，有扩镰形托叶，常常早脱落。

[用途] 园林观赏，可入药。

垂柳的叶

番木瓜的雌花

番木瓜　Carica papaya　番木瓜科 > 番木瓜属

番木瓜原产美洲，热带植物，喜欢阳光充足、高温潮湿的环境，不耐寒。

[特征]

植株高2~8米，树干直立，很少分枝，能分泌白色乳汁。叶很大，叶片有深裂，叶柄很长。花有雌花、雄花和两性花，花为乳白色。植株有雌株、雄株和两性株。果实大，长椭圆形、梨形或卵形，成熟时橙黄色或黄色，种子成熟时为黑色。

番木瓜的两性花

[用途]

果实可以作水果和蔬菜食用。有抗肿瘤等多种药用价值。

月季花 Rosa chinensis 蔷薇科 > 蔷薇属

月季花被称为“花中皇后”，是我国十大名花之一。市场上销售的切花玫瑰基本上是切花月季，多数是由玫瑰、月季、蔷薇反复杂交而成，但人们已经习惯称它为玫瑰。

[特征]

直立灌木，小枝上有稀疏的代钩状的皮刺。叶是羽状复叶，小叶3~5片，很少7片小叶子，小叶尖渐尖，边缘有锯齿，两面没有毛，上面的颜色暗绿色，有光泽，下面颜色较浅。花大多数是重瓣，颜色多样，有红色、粉红色、白色、黄色等。

红玫瑰花

[用途]

观花植物。根、叶、花均可入药，具有活血消肿、消炎解毒功效。

[近似种]

玫瑰与月季很相似，但玫瑰茎上的刺多和尖锐，小叶较多，5~11枚。

台湾相思树 Acacia confusa 含羞草科 > 金合欢属

台湾相思树原产台湾，热带树种，喜欢阳光充足的环境。又名“相思树”。

台湾相思树的花

[特征]

树高达15米。叶片退化，枝条上绿色披针形像叶子一样的是叶柄，像弯弯的镰刀。花是头状花序，淡绿色的花瓣，金黄色的雄蕊。果实是扁平的荚果。

台湾相思树的叶

[用途]

抗风、抗污染、耐干旱的绿化树种和沿海防护林的重要树种。木材可做家具、农具等。

含羞草 Mimosa pudica 含羞草科 > 含羞草属

含羞草的花

含羞草因其叶片一碰就闭合的特点，也称“怕羞草”。一般见于山坡丛林或者路边的潮湿地里。

[特征]

植株可高达1米。叶片如羽毛般排列，受到外力触碰时小叶片会马上闭合。花为粉红色，形状像小绒球，果实为荚果。全草有微毒。

含羞草的叶

[用途]

因其叶片一触碰就会闭合的特点，多作为庭内观赏植物。

凤凰木 Acacia confusa 苏木科 > 凤凰木属

凤凰木是热带树种，树高大，花艳丽，当开满整个树冠，远远望去像熊熊燃烧的火焰，被誉为世界上色彩最鲜艳的树木之一。

[特征]

落叶乔木，树高达10~20米。叶是二回羽状复叶，互生，小叶椭圆形，平滑且薄。花序是总状花序，每朵花5枚花瓣，红色。果实是荚果，带状有点弯，像镰刀，成熟的果实深褐色，长20~30厘米。花和种子有毒。

[用途]

行道树、遮阴树。可入药，主治高血压、头晕、目眩、烦躁等。

[近似种]

凤凰木与南洋楹的树型和叶很相似，但花的区别明显，南洋楹花淡白色，穗状花序。

宫粉羊蹄甲

Bauhinia variegata　　苏木科 > 羊蹄甲属

宫粉羊蹄甲又名“宫粉洋紫荆”，是广州市春天赏花的代表植物之一。

[特征]

小乔木，高达8米，分枝多。叶形似羊蹄，顶端2裂到整个叶片的1/3。花瓣5枚，淡红色，有黄绿色或暗紫色斑纹。能育雄蕊5枚，退化雄蕊1~5枚。荚果带状，扁平，长15~25厘米，宽1.5~2厘米。

[用途] 园景树、行道树。

[近似种]

羊蹄甲：花瓣淡红色，能育雄蕊3枚，花期9~11月，有果实。
红花羊蹄甲：花紫红色，能育雄蕊5枚，花期9~11月，不结果。
白花羊蹄甲：花白色，能育雄蕊5枚，花期3~5月，有果实。

红花羊蹄甲的花

羊蹄甲的花

宫粉羊蹄甲的花

白花羊蹄甲的花

黄槐 Cassia surattensis 苏木科 > 决明属

黄槐生长快，繁殖栽培比较容易。在公路边、村边或公园常有栽种。

黄槐的花

[特征]

常绿小乔木，主干明显，分枝多，树冠比较婆娑。复叶，互生，每片复叶有4~10对小叶，小叶长圆形。花簇生在枝条上部，伞房状花序，花黄色，花瓣5枚。果是荚果，扁长形。

黄槐的果实

[用途]

观花树、庭院树和行道树。

鸡冠刺桐 *Erythrina variegata* 蝶形花科 > 刺桐属

鸡冠刺桐原产南美洲，喜欢阳光充足、高温的环境。公园、公路绿化带、广场、庭院有栽种。

鸡冠刺桐的花

刺桐的花

[特征]

半落叶小乔木，茎和叶柄长有皮刺。三出复叶，互生，每片复叶有3片小叶，小叶长卵形。花序是总状花序，长在顶部，花颜色深红色，有一花瓣像匙状。

[用途]

观赏、绿化树种。

[近似种]

刺桐，高大乔木，三出复叶，小叶菱形，花红色，花序是总状花序。

蔓花生 Arachis duranensis 蝶形花科 > 落花生属

蔓花生的形态特征和花生很像，容易被误认为是花生。在公园、公路绿化带、边坡上常有栽种。

蔓花生的花

[特征]

植株高10~20厘米。茎在地面匍匐生长，叶为复叶互生，每片复叶有2对小叶，小叶为倒卵形。花黄色，蝶形，像美丽的黄蝴蝶。

蔓花生的叶和花

[用途]

观赏、绿化。蔓花生根系发达，能防止水土流失，有利于水土保持。

白花油麻藤的叶

白花油麻藤 Mucuna birdwoodiana 蝶形花科 > 黎豆属

白花油麻藤的花的形状像一个个雀鸟，一串串挂在茎上，远远看去像很多雀鸟成群聚集在一起，故又名“禾雀花”。

[特征]

常绿大型木质藤本，茎粗大，颜色灰褐色，攀爬性强，像巨蟒蜿蜒盘缠。叶为复叶，有3片小叶，小叶椭圆形。花序为总状花序，花淡黄绿色，花萼和花瓣上披有红褐色短茸毛。

白花油麻藤的花

[用途]

庭院庇荫的优良藤本植物。藤茎可入药，用于贫血、白细胞减少症等。

红花檵木 Loropetalum chinense 金缕梅科 > 檵木属

红花檵木是檵木的变种，可修剪成圆形等造型，在公路边、公园、小区、广场等常有栽种。

[特征]

常绿灌木或小乔木。分枝多，嫩枝叶为褐红色。叶互生，椭圆形，颜色紫褐色或暗绿，叶两面披有星状毛。花紫红色，花瓣3枚，线条状，像紫红色的塑料绳，3~5朵簇生在枝顶端，花序为头状花序。

[用途]

观赏、绿化植物。

红花檵木的叶和花

榕树 Ficus microcarpa 桑科 > 榕属

榕树树形奇特，树冠巨大，枝条向四周伸展，茎上长有很多的气生根，伸入土壤后形成了支柱根，支柱根、枝干和树叶形成密集的丛林，被称为“独木成林”。

[特征]

茎上长气生根，叶倒卵形，叶面光滑。果实很小，像一粒粒的圆球，成熟时为红色。

榕树的果实

[用途]

园林绿化植物，行道树。可食用。叶和气根可入药，用于感冒高热、疟疾、支气管炎等。

垂叶榕

[近似种]

垂叶榕小枝下垂，叶没有榕树叶厚和硬，叶尖比榕树的尖锐细长，并向下垂。可以与榕树区别。

黄榕 Ficus microcarpa 'Golden' 桑科 > 榕属

黄榕的嫩叶是金黄色的，非常美丽，故又名“黄金榕”。

[特征]

分枝多，树冠广阔。茎上有气生根。叶倒卵形或椭圆形，叶缘没有锯齿，全缘，嫩叶金黄色，老叶绿色。

[用途]

适合作行道树、园景树、绿篱树或修剪造型。

黄榕的叶

黄葛榕 Ficus virens 桑科 > 榕属

黄葛榕的叶子比榕树的叶子要大得多，故又名“大叶榕”。

[特征]

树高大，树冠宽广。叶阔卵形，叶面光滑，叶脉清晰，薄革质，有托叶，嫩叶有苞叶包裹。

[用途]

城市绿化树种，适合用作行道树和遮阴树。

黄葛榕的苞叶和果实

黄葛榕的枝叶

高山榕 Ficus altissima 桑科 > 榕属

高山榕是热带树种，喜高温湿润的环境，耐干旱和贫瘠，生长迅速，是广州常见的一种树木。

高山榕的树干和气根

[特征]

树高达30米，树冠伞形，茎上长有气根。叶互生，厚革质，广卵形至广卵状椭圆形，有托叶。花为隐头花序。果实圆形，比榕树的果实大，成熟时金黄色。

高山榕的叶和果实

[用途]

城市绿化树种，适合用作园林树和遮阴树。

桑的叶

桑 *Morus alba* 桑科 > 桑属

桑是常见的经济型植物，果实就是桑葚，成熟时暗紫色，可生食。

桑的果（桑葚）

[特征]

整株可高3~8米，树皮灰褐色。叶卵形，长6~15厘米，宽3~6厘米，边缘有锯齿形的分裂，背面有短茸毛。花有细毛。

桑的雌花

[用途]

叶子是蚕的饲料，嫩枝的韧皮纤维可造纸，果实可以吃，嫩枝、根的白皮、叶和果实均可入药，果实还可加工成果汁等食品。

薜荔 Ficus pumila 桑科 > 榕属

常在旷野的树上或者墙壁上看到，属于攀缘类植物。多攀附在村庄前后、山脚、山窝以及沿河沙洲、公路两侧的古树、大树上和断墙残壁、古石桥、庭园围墙等。又称“凉粉果”、“木馒头”。

薜荔的果实

[特征]

叶有两种形态，没有花的枝上叶小而薄，长约2.5厘米，卵形；有花的枝上叶近革质，长4~10厘米，椭圆形。花小而多，与无花果相似。

[用途]

果实成熟后可剥皮生吃，可制凉粉。果实表面富有黏液。果实含有的物质有一定的抗肿瘤作用。

薜荔的叶

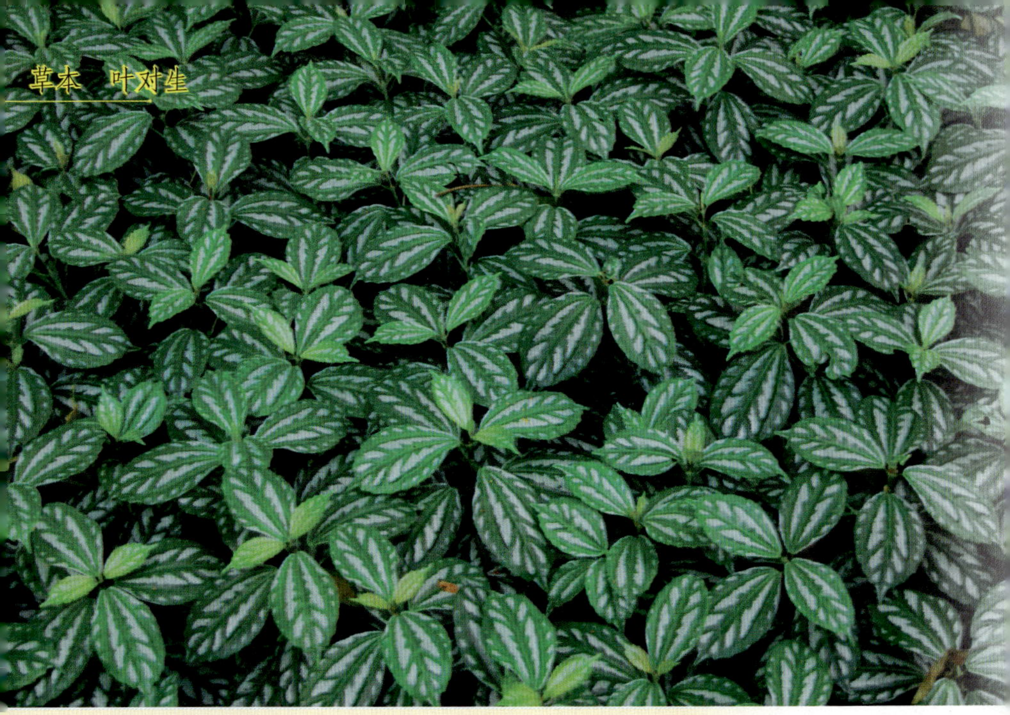

冷水花 Pilea cadierei 荨麻科 > 冷水花属

冷水花也称“花叶荨（qián）麻”，一般都是大片生长。

冷水花的花

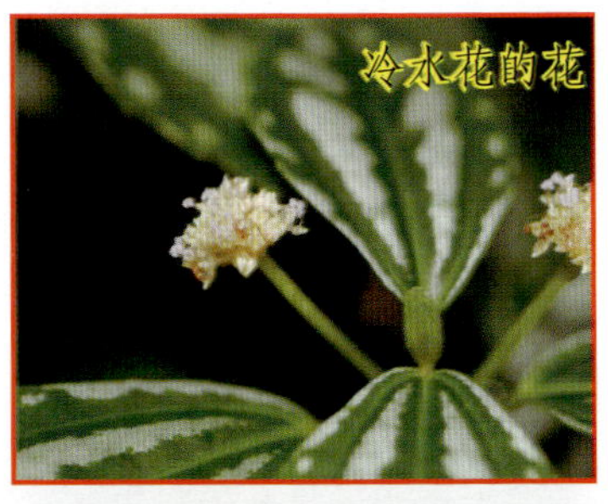

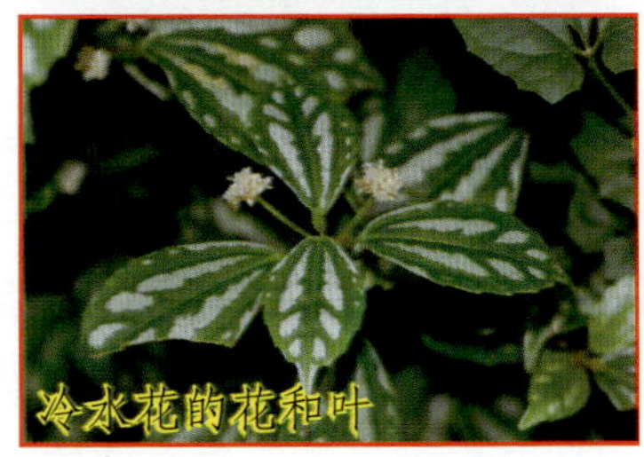

[特征]

整株高约30～60厘米，叶椭圆卵形，长3～5厘米，宽2.4～4厘米，青绿色，3条主脉之间有白色斑纹，斑纹处凸起。

冷水花的花和叶

[用途]

吸收二氧化碳的能力要比一般花卉高2.5倍，叶片纹样美丽，是良好的绿化植物。

爬墙虎 Parthenocissus dalzielii 葡萄科 > 爬山虎属

爬墙虎又名“爬山虎”，著名作家叶圣陶先生在《爬山虎的脚》一文中详细描写了爬山虎的形态特征。

[特征]

其形态和葡萄的形态相似。茎上有卷须，多分枝，卷须的末端有黏性吸盘。叶互生，广卵形，有时深裂2～3，叶背面有白粉，秋冬叶子变深红色。开黄绿色小花，聚伞花序。果为球形浆果，成熟时黑紫色。

[用途]

它对二氧化硫和氧化氢等有害气体有较强的抗性，对空气中的灰尘有吸附能力，可做抗污染植物。多用于园林景观、立体空间绿化、城市屋顶绿化等。根和茎可入药，用于祛风通络，活血解毒。

爬墙虎的果实

爬墙虎的卷须

九里香 Murraya exotica　芸香科 > 九里香属

九里香喜欢温暖、阳光充足的环境。其花香四溢，故名“九里香”。

[特征]

灌木，分枝多，树冠比较大，小枝圆柱形。奇数羽状复叶，小叶3～7片，小叶有倒卵形、近菱形等。圆锥状聚伞花序，花白色，花瓣5枚，芳香。果实椭圆形，橙黄色或红色。

九里香的花

九里香的果实

[用途]

观赏、绿化植物。花、果实和叶可以提炼精油用于做化妆品精油。枝叶可入药，用于治疗牙痛、虫蛇咬伤等。

小叶米仔兰的花

小叶米仔兰 Aglaia odorata var. microphyllina 楝科 > 米仔兰属

小叶米仔兰和九里香非常相似，经常容易混淆。区别在于九里香的叶轴和叶柄没有窄翅，开白花，而小叶米仔兰的叶轴和叶柄有窄翅，开黄花。

[特征]

灌木，小枝多，幼枝上披有锈色鳞片。奇数羽状复叶，小叶3～5片，小叶倒卵形至长椭圆形，叶轴和叶柄有窄翅。圆锥花序，花小，黄色，花瓣5枚。

[用途]

观赏、园林绿化植物。枝叶和花可入药。

塞楝 *Khaya senegalensis* 楝科 > 非洲楝属

塞楝喜欢阳光充足、温暖的环境，不耐寒。其叶白天展开，夜晚闭合垂落。

塞楝的枝叶

[特征]

常绿乔木，树高达30米，树冠阔大，树干有斑驳鳞片状。偶数羽状复叶，有小叶6~16对，小叶长椭圆形，边缘无锯齿。

塞楝的叶

[用途]

庭院树、行道树和绿荫树。木材可做家具、地板等。根可入药。

荔枝 Litchi chinensis 无患子科 > 荔枝属

“一骑红尘妃子笑，无人知是荔枝来。”荔枝，自古以来就是著名的岭南佳果。

荔枝的果

[特征]

多年生果树，雌雄同株异花。花序有很多分枝，花朵细小，没有花瓣，花萼有一层金黄色的短茸毛。果实球形或卵形，红色，果皮有显著突起小瘤体，种子棕红色，约六十个品种，被人们所熟知的有桂味、妃子笑、糯米糍等。

荔枝的花

[用途]

园林、果树栽培。

龙眼 Dimocarpus longgan　无患子科 > 龙眼属

龙眼俗称“桂圆”，它的种子圆黑光泽，种脐突起呈白色，好像传说中“龙”的眼睛，所以得名“龙眼”。是岭南四大水果之一。

[特征]

长绿乔木，常见的果树之一。花序比较多分枝，花瓣乳白色。果实圆形，黄褐色，种子球形，褐黑色，常见的有石硖、储良等品种。

[用途] 园林、果树栽培。

龙眼的果

龙眼的花

芒果 Mangifera indica 漆树科 > 芒果属

芒果是岭南著名的热带水果之一，果肉细腻，风味独特，深受人们喜爱，被称为“热带果王”。

芒果的花序

[特征]

常绿大型乔木。花序分枝，花很小，黄色或者淡黄色。果实肾形，因品种不同而大小不一，成熟后果皮有绿色、红色或黄色等。常见的有台芒、象牙芒、吕宋芒等品种。

芒果的果实

[用途]

树冠球形，是良好的庭园树或行道树。

崩大碗 Centella asiatica 伞形科 > 积雪草属

它的叶子好像缺口的饭碗，故名“崩大碗”；此草又以寒凉出名，其性大寒，又称为“积雪草”。

多年生草本，长匍匐茎，从茎上的每个节长出新根；叶肾圆形，基部心形，如缺口的饭碗。开紫红色小花。

[用途]

有很好的清暑解毒、生津止渴的效用，可以当普通凉茶饮用。是广东地区常见中草药之一，能清热利湿，解毒消肿。

澳洲鸭脚木 Schefflera macorostachya 五加科 > 鹅掌柴属

澳洲鸭脚木原产澳大利亚及太平洋中的一些岛屿，叶片阔大，柔软下垂，形似伞状，又称“昆士兰大叶伞”。

澳洲鸭脚木的复叶

[特征]

常绿乔木，掌状复叶，颜色浓绿，有长柄，幼年时小叶3~5片，长大时5~7片，至乔木状时可多达16片。花为圆锥状花序，花很小，淡红色。

澳洲鸭脚木的花序

[用途]

是园林观赏植物。作为庭园树或室内盆栽。

花叶鹅掌藤 Schefflera odorata 'variegata' 五加科 > 鹅掌柴属

花叶鹅掌藤又叫“花叶鸭脚木”。叶片镶嵌着不规则的黄斑，层次感、立体感强，观赏价值高。

花叶鹅掌藤的复叶

鹅掌藤

[特征]

常绿灌木，掌状复叶有长柄，小叶5~9片，叶面具不规则乳黄色至浅黄色斑块，长卵圆形或椭圆形，叶绿色，开白花，有香味，结暗绿色球形果。

[用途]

观赏用，或作园林中的掩蔽树种用。

毛杜鹃 Rhododendron pulchrum 杜鹃花科 > 杜鹃花属

又称为锦绣杜鹃。春天里，开满了鲜艳的花朵，很受人们喜爱。

[特征]

常绿灌木，分枝稀疏，幼枝有很多淡棕色的细毛。叶椭圆形或椭圆状披针形。最初叶子上有一些黄色疏伏毛，叶面几乎没有毛。花1~3朵顶生在枝端。花萼大，有5个深裂。花冠像宽漏斗。栽培种有多种不同的花色。

[用途]

观花植物。常用于园林绿化。

毛杜鹃的花

毛杜鹃的叶

何氏凤仙 *Impatiens holstii* 凤仙花科 > 凤仙花属

原产非洲热带。又称之为“玻璃翠”。它不同于其它凤仙花的地方，是花瓣很平展。

[特征]

多年生常绿草本。茎稍多汁；叶翠绿色；花大，直径可达4~5厘米，只要温度适宜可全年开花。花色有白、粉红、洋红、玫瑰红、紫红等。

凤仙花的果实

凤仙花植株

[用途]

园林观赏植物。

[近似种]

凤仙花又名指甲花。它的汁液可以用来染指甲。花有粉红、大红、紫等颜色，花瓣有单瓣、重瓣两种。蒴果纺锤形，有白色茸毛，成熟时用手一碰，就弹裂为5个旋卷的果瓣，种子也随着飞走。

华灰莉 Fagraea ceilanica 马钱科 > 灰莉属

枝条色若翡翠，叶片油光闪亮，花形优雅。清晨或黄昏，若有若无的淡淡幽香，沁人心脾。由于经常被剪枝整形，平时难以看到它开花。

华灰莉的花

[特征]

常绿灌木，叶暗绿色，夏季开白色的花，每朵5瓣，呈伞状，簇生于花枝顶端。浓郁芳香，果椭圆形，像拳头大小。

华灰莉的枝叶

[用途]

观叶植物。

桂花 Osmanthus fragrans 木犀科 > 木犀属

桂花，又名木樨，是中国传统十大花卉之一。“八月桂花遍地开”，桂花清可绝尘，浓能远溢。金秋时节，丛桂怒放，夜静月圆之际，阵香扑鼻，令人神清气爽。

金桂的花

[特征]

常绿乔木或灌木，叶片通常上半部具细锯齿，一束束小花簇生于叶腋，花冠有白色、黄色或橘红色，果实为紫黑色核果，俗称桂子。其品种有金桂、银桂、丹桂等。广州常见的是四季桂。

[用途]

优良园林观赏树种。花可加工成桂花酒、桂花茶、桂花糖等。花、果、根可入药。

四季桂的米白色花

茉莉 Jasminum sambac　木犀科 > 素馨属

“好一朵美丽的茉莉花，好一朵美丽的茉莉花，芬芳美丽满枝丫，又香又白人人夸……”2008年北京奥运，让世人与茉莉结下了不解之缘。它的花朵洁白，香气浓郁，是最常见的芳香性盆栽花木。

[特征]

常绿小灌木或藤本状灌木，枝条细长，小枝有棱角，初夏由叶腋抽出新梢。花白色，夜间开放，非常芳香。有单瓣、双瓣和多瓣型，以双瓣型为主。

[用途]

观赏植物，可做茉莉花茶。全株可入药。

云南黄素馨 *Jasminum mesnyi* 木犀科 > 素馨属

云南黄素馨又称“云南迎春”。它的枝条长而柔弱，下垂或攀缘，碧叶黄花，是深受人们喜爱的美丽植物之一。

[特征]

常绿直立亚灌木，三出复叶。小枝四棱形，有浅沟，下垂。花通常单生于叶腋，花冠黄色，漏斗状裂片6~8枚。

云南黄素馨的花

[用途]

观赏植物。全株可入药。

灌木 叶对生 有毒

狗牙花的花

狗牙花 *Ervatamia divaricata* 夹竹桃科 > 狗牙花属

又叫“白狗花”、“狮子花”。绿叶青翠欲滴，花朵晶莹洁白且清香俊逸，是优良的盆栽花卉。分布于我国南方沿海各省。有毒。

[特征]

常绿灌木，多分枝，无毛。花朵白色，单瓣或重瓣，开在枝梢顶部，含苞时，有点像栀子花。蓇葖果。

[用途]

枝叶密生，株形整齐，是庭院绿化的树种。叶可入药。

[近似种]

白蝉是栀子花的一个变异品种，又叫白蟾花，是重瓣栀子花的别称。

白蝉的花

白蝉的花蕾

长春花 Catharanthus roseus 夹竹桃科>长春花属

引进种。分布广东、广西、云南以及长江以南各地。从春到秋开花从不间断，花势繁茂，生机勃勃，所以有“日日春”之美名。有毒。

长春花的叶

长春花的花（有洞眼）

[特征]

多年生草本，叶长椭圆状，叶柄短，两面光滑无毛。嫩枝顶端，每长出一叶片，叶腋间即冒出两朵花，花冠高脚蝶状，5裂，花朵中心有深色洞眼。蓇葖果。

[用途]

观赏植物，也是药用植物，所含的长春花碱具有抗癌作用。

黄蝉的花

黄蝉 Allamanda neriifolia 夹竹桃科 > 黄蝉属

又叫硬枝黄蝉。原产于巴西，因为花蕾的形状及颜色很像即将羽化的蝉蛹，故而得名。植株的乳汁有毒。

[特征]

常绿直立大灌木，高约1~2米。单叶3~5片轮生，花为聚伞花序顶生，鲜黄色，花冠呈漏斗形，冠筒细长基部膨大，长4~6厘米。果为蒴果，球形。

软枝黄蝉

[用途]

观赏植物。观花、观叶植物，适于园林种植或盆栽。抗污染性强，适合在工厂矿区作为绿化植物。

[近似种]

软枝黄蝉是多年生灌木，因花蕾的形状及颜色貌似即将羽化的蝉蛹，且枝条柔软，故而得名软枝黄蝉，又叫“黄莺”。

灌木　叶轮生　下部对生　剧毒

夹竹桃 Nerium indicum 夹竹桃科 > 夹竹桃属

夹竹桃原名为“甲子桃”，因甲子桃果实极为少见，传说60年结一次果。它的叶片像竹，花朵如桃，故而得名“夹竹桃”。全株具有剧毒。

夹竹桃的花

[特征]

常绿直立大灌木，嫩枝条有棱。花冠深红色或粉红色，重瓣，花朵大，色泽艳丽。

黄花夹竹桃

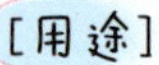

[用途]

能吸收二氧化硫等有毒气体，对粉尘烟尘有较强的吸附力，多见于公园、厂矿等绿化。

[近似种]

黄花夹竹桃又叫“黄花状元竹”、“酒杯花”。常绿大灌木或小型乔木。花朵大，黄色，有香味。花冠漏斗状，5裂，裂片向右扭旋。核果扁三角状球形，成熟时淡黄色。

鸡蛋花

Plumeria rubra 'Acutifolia'　夹竹桃科 > 鸡蛋花属

鸡蛋花是老挝国花，夏季开花，清香优雅，是广东著名的凉茶“五花茶”中的五花之一。因它的花“冠白心黄”，像鸡蛋白包着蛋黄，故名“鸡蛋花”。

红花鸡蛋花

鸡蛋花的花

[特征]

落叶乔木，主干不是很直，有些扭曲歪斜。叶子很大，厚纸质，深绿色，多数聚生在枝顶。花数朵聚生在枝顶，花冠呈筒状，5裂，外面乳白色，中心鲜黄色，有香味。

[用途]

观赏植物。花可入药。

乔木　叶3~8片轮生　有毒

糖胶树 *Alstonia scholaris* 夹竹桃科 > 鸡骨常山属

糖胶树的木材松软细致，全株乳汁丰富，可提取口香糖原料，所以叫“糖胶树”。果实细长如面条，也称为“面条树”。

[特征]

常绿乔木，树干可高达20米。树冠呈伞盖状，近椭圆形，分枝逐级轮生并呈水平状向外伸展，生长有层次，塔状，有白色乳液，具毒性。花白色，种子长圆形，有白色软毛，因而随风散布。

糖胶树的花

糖胶树的果

[用途]

喜高温、多湿环境，生命力强，抗风，抗大气污染。常作行道树、庭荫树。

龙船花 Ixora chinensis 茜草科 > 龙船花属

赛龙夺锦时节，龙船花也灿烂盛开，故得名。龙船花观赏性高，花序似绣球，由于是木本植物，所以也被称为“木绣球”。是缅甸的国花。

[特征]

龙船花为灌木状，株形美观。花叶秀美，开花密集，花色丰富，有红、橙、黄、白、双色等；花瓣4枚，雄蕊4枚与花瓣相间排列。一年四季几乎都开花。

[用途]

在我国长江以南露地广泛栽植，生长于庭院、宾馆、风景区布置，高低错落。根、茎、叶均可入药。

龙船花的红色花品种

龙船花的黄色花品种

玉叶金花 Mussaenda pubescens 茜草科 > 玉叶金花属

营养器官变态植物——玉叶金花，该种苞片白色较大，苞片是变态的叶；花瓣小，金黄色，故名玉叶金花。

[特征]

攀缘藤本植物，叶下面密被茸毛。花密集，聚生在枝顶，夏季开花。

[用途]

该种观赏性高，花又奇特。根、茎均可入药。

玉叶金花的花序

玉叶金花的花瓣与苞片

希茉莉 Hamelia patens 茜草科 > 希茉莉属

希茉莉又名“醉娇花”，生长快，株型美丽，花色极佳，被广泛栽培观赏。

[特征]

多年生常绿灌木，高达3米。叶片四枚轮生，全缘。嫩枝、幼叶、花柄淡紫红色，均被短柔毛。二歧聚伞花序，花序顶生，花瓣合生成管状，长达2.5厘米。

希茉莉的花枝

[用途]

生长快，易修剪，南方庭院、公园等阳光充足的地方广泛栽培观赏。

南美蟛蜞菊 *Wedelia trilobata* 菊科 > 蟛蜞菊属

叶片三裂如鸭掌，也称为三裂叶蟛蜞菊。该种原产于美洲，1976年引入我国台湾，后广泛栽培。

[特征]

蔓生草本，叶边缘有锯齿。花单生于茎顶，总花序梗膨大呈头状，花瓣黄色。

南美蟛蜞菊植株

[用途]

管理粗放，繁殖容易，蔓延迅速，多被用于地被观赏植物。由于定砂能力佳，也用于护坡、护堤。亦可盆栽、花台、吊盆绿化，也用于高楼走廊花台或大厦窗台悬垂绿化，茎叶如绿色垂帘。根状茎可入药。

南美蟛蜞菊头状花序

向日葵 Helianthus annuus 菊科 > 向日葵属

向日葵的整株

向日葵又称太阳花。因其幼苗叶片和花都有向光性，故称“向日葵”。位于广州南沙的“百万葵园”里有大片的向日葵种植基地。

[特征]

整株可高1～3米，茎直立挺拔，叶大。花序极大，边缘是黄色的舌状花，中部为管状花。

[用途]

向日葵的果实就是俗称的“葵花子”，可食用，还可供榨油。另外，由于向日葵外形酷似太阳，还多用于观赏。

向日葵的果实

黄鹌菜 Youngia japonica 菊科 > 黄鹌菜属

亦菜亦药的黄鹌菜，又名黄瓜菜。路边、草坪、树下、墙根儿等地均有生长。

黄鹌菜的头状花序

[特征]

一年生草本，高达近1米。全株有白色乳汁。基部生的叶片成莲座状。花序成头状，小花成舌状，黄色。果实具白色毛。

蒲公英的花

[用途]

黄鹌菜是常见野菜，全草可入药。

[近似种]

蒲公英与黄鹌菜相似，但蒲公英的头状花序，比黄鹌菜的花序大。

白花鬼针草 Herba alba 菊科 > 鬼针草属

白花鬼针草也属于菊科植物，头状花序边缘的舌状花为白色，因其果实顶端具2条芒刺，碰到动物毛发或人的衣服，会牢牢粘住，以帮其传播种子，故被称为“鬼针草”。

[特征]

一年生草本，高可达1.5米。茎下部叶为一回羽状复叶，3枚小叶；茎上部叶常为单叶，不分裂。头状花序边缘的花为舌状，白色，中央的花成管状，黄色。花期秋冬季。

[用途]

是常见杂草，全草入药，有清热解毒之功效。

白花鬼针草果

白花鬼针草花序

加拿大蓬 *Erigeron canadensis* 菊科 > 飞蓬属

加拿大蓬属于菊科，原产于北美洲，为严重的外来入侵种，能分泌化感物质抑制其他生物生长，危害农田、果园、绿地等。

加拿大蓬的花序

钻形紫菀的花序

[特征]

一年生草本，高达1.5米。叶片线形。头状花序密生于茎顶，花序中外面的花舌状，为雌花，白色，中央的花为管状，淡黄色。果实被白色冠毛。

[用途]

全草入药，有治肠炎、痢疾等功效，植株可作饲料。

[近似种]

钻形紫菀为入侵种，叶细长，花序开展。

胜红蓟 Ageratum conyzoides 菊科 > 藿香蓟属

胜红蓟也叫藿香蓟，全草具有难闻的臭味，所以也叫“臭草”。同样属于菊科植物，原产于中南美洲，为外来入侵种。

[特征]

一年生草本，高达1米，全株被白色茸毛，茎多为紫褐色。叶缘具锯齿。花白色、淡紫色至粉红色。花果期全年。

假臭草的花

假臭草的叶

[用途] 全草入药，清热解毒。

[近似种]

该种与菊科另一种假臭草极似，但假臭草茎较粗，绿色，被毛较长，花色蓝色。

车前草 Plantago major 车前草科 > 车前草属

利尿良药——车前草。在我国从西汉时期即已入药，最早在战车前面发现，故名“车前草”，种子入药称为“车前子”。

[特征]

一年生或多年生草本，叶常生长在基部。花葶细长直立，花小密生于花葶上。

[用途]

车前草全草可入药，有清热利尿、渗湿止泻、明目、祛痰之功效。路边、荒地、草坪都有生长。

车前草的叶

车前草的花序和果

福建茶 Carmona microphylla 紫草科 > 基及树属

福建茶的枝条

福建茶并非茶树，而属于紫草科植物。该种为灌木，耐修剪，普遍栽培做绿篱，或做盆景。

福建茶的花

[特征]

常绿灌木，高达3米。叶小，调羹状，较硬，前端有圆齿，边缘常有反卷，表面有白色小斑点。小花白色。果实球形，熟时红色或黄色。

[用途]

城市街头、公园、医院、学校、居民区、庭院均有栽培，种作绿篱。亦常盆栽供观赏。

矮牵牛

Petunia hybrida　茄科 > 碧冬茄属

不是牵牛花的矮牵牛，矮牵牛的花很像牵牛花（即喇叭花），但属于茄科，也叫碧冬茄，而牵牛花属于旋花科。

紫花矮牵牛

[特征]

多年生草本，高可达80厘米，匍匐状或丛生。叶近圆形，被茸毛。花喇叭状，花形有单瓣、重瓣、瓣缘皱褶或呈不规则锯齿等；花色有红、白、粉、紫及各种带斑点、网纹、条纹等。

[用途]

矮牵牛花色各样，观赏性强，成片栽培或盆栽、吊盆或用于各种造型。

有条纹花瓣的矮牵牛

少花龙葵 Solanum americanum 茄科 > 茄属

少花龙葵为常见杂草，分布广，为茄科茄属。

[特征]

一年生草本，叶形、株型很似辣椒。花小白色，果实球形，大如黄豆，开始绿色，逐渐变为紫色，后为黑色，可食用，酸酸甜甜。

[用途]

跟辣椒、茄子同属，可作为野菜食用，由于花白色，故也称为“白花菜”。有清凉散热之功，并可兼治喉痛。

[近似种]

该种与小酸浆的叶和花类似，但果区别明显。

少花龙葵的果

小酸浆的果

牵牛花 Ipomoea nil 旋花科 > 牵牛属

牵牛花的花

俗话说：“秋赏菊，冬扶梅，春种海棠，夏养牵牛。”牵牛花又叫喇叭花。天还没亮，公鸡刚啼过头遍，绕篱萦架的牵牛花枝头，就开放出一朵朵喇叭似的花来。

牵牛花的花

[特征]

一年生蔓性缠绕草本花卉。蔓生茎细长，可以缠绕着篱笆向上生长。枝叶上很多短毛。叶子有的是全缘，有的是有缺裂的。花冠喇叭状，颜色鲜艳美丽，有各种不同的色彩。蒴果球形，成熟后苞背开裂，种子粒大，黑色或黄白色，一般是朝开午谢。

[用途]

做绿篱。观花，种子可入药。

五爪金龙 Ipomoea cairica 旋花科 > 番薯属

虽然叫“五爪金龙”，其实在它的身上找不到一点金色的痕迹。由于叶子多数是五道叶裂，像手掌一样，于是便有了这个吉祥的名字。

[特征]

多年生草本，有很强的攀爬能力。叶子绿色，有像手掌一样的深裂，大部分为5个裂片。聚伞花序腋生，花冠淡紫色，像漏斗。蒴果近球形。几乎全年都可以开花。

五爪金龙的花

[用途]

做绿篱。观花，全株或根具医药功效，可入药。

木本　叶对生　果实有毒

金露花 Duranta erecta　马鞭草科 > 金露花属

它因为美丽成串的金黄色果实而得名，一颗颗圆润晶莹的果实，好像串在一起的金色露珠，在阳光下亮眼而夺目。俗名叫“假连翘”。

[特征]

常绿灌木，叶长椭圆形，对生；花冠蓝紫或白色，是蝴蝶、蜜蜂等昆虫的蜜源植物。果实金色球形，串生，有毒，误食会有腹痛、昏睡、发烧、腹泻、痉挛等症状。

金露花的花序

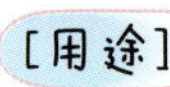

[用途]

常用做绿篱。

昆虫在采花蜜

马缨丹 Lantana camara　马鞭草科>马缨丹属

因为一丛花序中会有各种颜色的变化，所以又称“五色梅”；同时枝叶含有特别的刺激气味，又被称为“臭草”。

马缨丹的叶

[特征]

常绿灌木，叶面较粗糙，叶边缘有很多锯齿，小茎呈棱角状，果实与茎叶都含有毒性。开的花看起来有点像小型的绣球花。花色大多为橙色、红色、黄色、粉红等，另外还有混色的花朵。

[用途]

主要用于观赏。根也可入药，治疗蛇伤及瘀肿等。

马缨丹的花序

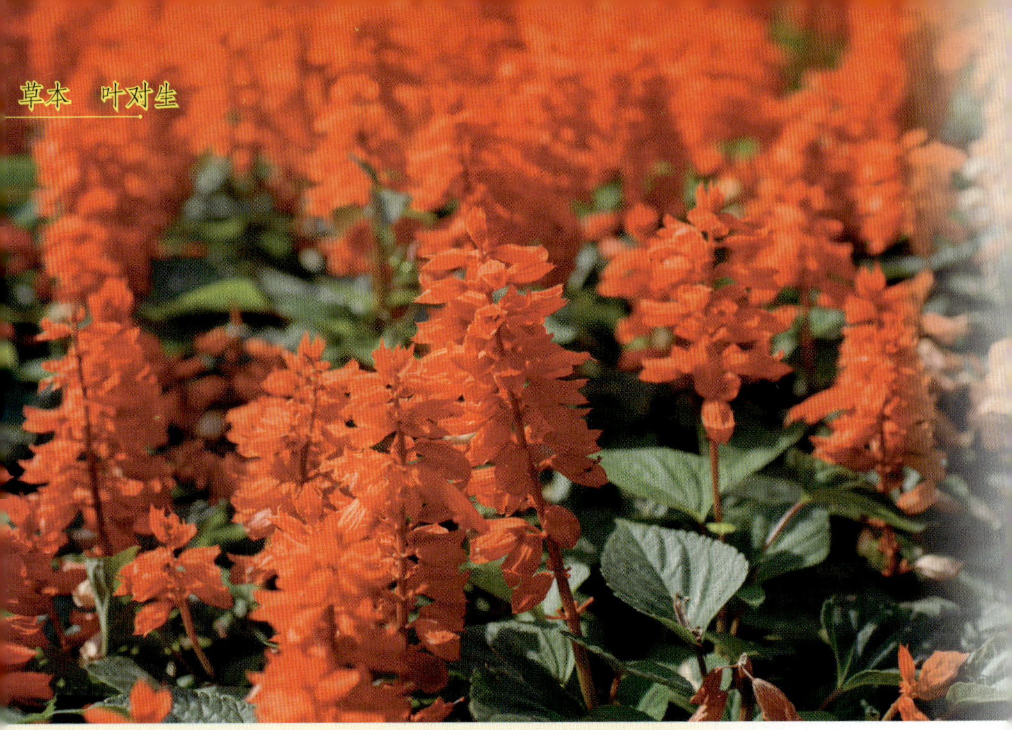

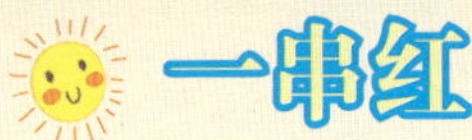

一串红 Salvia splendens 唇形科 > 鼠尾草属

一串红开花时，花序修长，色红鲜艳，像一串串红炮仗，主要用于观赏。

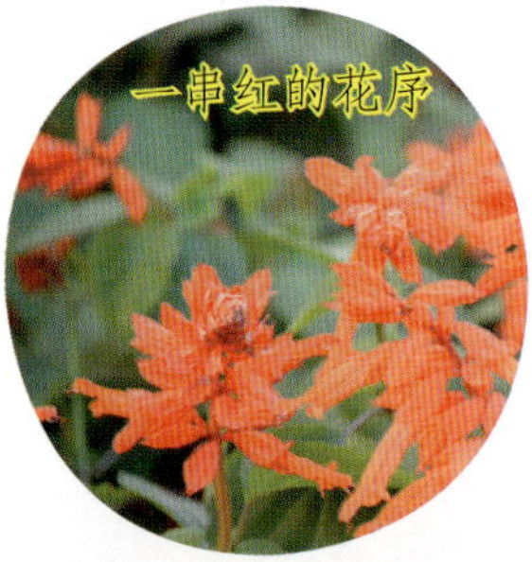

一串红的花序

[特征]

叶片卵形或卵圆形，对生。轮伞花序，花呈小长筒状，花期长，色红艳而热烈，小坚果卵形。

[用途]

园林中普遍栽培的花卉之一。

洋紫苏 Coleus blumei 唇形科 > 锦紫苏属（鞘蕊花属）

它是从国外引进，叶与花很像紫苏，特别是叶子，呈现各种色彩斑，所以又叫“彩叶草”。

洋紫苏的叶

[特征]

单叶对生，叶面有绿、红、黄、紫等各种色彩、不同形状的斑纹，色彩艳丽。茎四棱形，整株都有着粗短的软毛。圆锥花序顶生，花小，花色有浅蓝、浅紫、淡黄等。小坚果，平滑。

洋紫苏的花

[用途]

主要用于观赏。

炮仗花 Pyrostegia venusta 紫葳科 > 炮仗花属

“爆竹一声除旧岁”，它的花连排成串，累累下垂，橙红鲜艳，连串垂挂在树头好像喜庆鞭炮。而且正好在元旦、圣诞、新春等中外佳节前后开花，因此得名“炮仗花”。

[特征]

常绿木质大藤本，复叶对生，小叶2~3片，叶片终年青翠有光泽。有线状3裂的卷须，攀缘高度能达10米。圆锥花序橙红色，热带地区花期长，可达半年以上。

炮仗花的花序（多个）

炮仗花的花序（一个）

[用途]

主要用于观赏。

蚌花

Rhoeo discolor　　鸭跖草科 > 紫背万年青属

它就是我们常说的紫背万年青。由于它的白色花朵外面有两片蚌壳般的紫色苞片，特别是在花还没有开的时候，很像河蚌的壳，所以取名为“蚌花”。

[特征]

多年生草本植物，茎短，叶密生成束抱茎，叶剑状，重叠。叶面青绿色，背面紫色，花腋生，白色花朵生于两片河蚌般紫色萼片内。果为蒴果，少见。

蚌花的叶

蚌花的花萼与花

[用途]

常见的观叶植物。叶和花可作药用。具有清热化痰、凉血止痢的功效。

花叶艳山姜 Alpinia zerumbet 'Variegata' 姜科 > 山姜属

又称花叶良姜。它的叶子颜色秀丽，上面有很多金黄色纵条纹；花姿雅致，花香诱人，特别是它的唇瓣，很漂亮，大大的，黄色，有一些紫红色纹彩。

花叶艳山姜的花

花叶艳山姜的果

[特征]

常绿草本。高1~2米，叶深绿色，并有金黄色的纵斑纹、斑块，富有光泽。圆锥花序下垂，苞片白色，边缘黄色，顶端及基部粉红色，花弯近钟形，花冠白色。蒴果卵圆形，有条纹，成熟时朱红色。

[用途]

常见的观叶观花植物。

美人蕉 Canna indica　美人蕉科 > 美人蕉属

我们平时所说的美人蕉指的是“大花美人蕉”。花朵大，花色红艳，因此得名。佛教界传说美人蕉是由佛祖脚趾所流出的血变成的，所以特别鲜红。

[特征]

多年生草本。高1~2米，地下根茎肉质肥大。茎叶绿色，特别大，开红色或黄色大花，总状花序顶生。蒴果绿色，长卵形，有软刺。美人蕉品种很多，花色丰富，有白、黄、橘红、粉红、大红、紫红或复色。常见的有水生黄花美人蕉、大花美人蕉、紫叶美人蕉等。

美人蕉的花

黄花美人蕉的花

[用途]

常见的观赏植物。能吸收二氧化硫等有毒气体。根状茎及花可入药。

沿阶草 Ophiopogon bodinieri 百合科 > 山麦冬属

沿阶草长势强健，耐阴性强，根系发达，覆盖效果较快，可成片栽于风景区的阴湿空地和水边湖畔。冬季少见的蓝果，带有书香气的秀叶，益身的珠根，给人以无限的情趣。

沿阶草的花序

沿阶草的叶

[特征]

多年生草本地被植物。叶丛生于基部，禾叶状，下垂，叶色终年常绿。总状花序，花白色或淡紫色，花亭直挺，花色淡雅，清香宜人。成熟时浆果蓝黑色，种子球形。

[用途]

观赏植物。全草均可入药。可治疗伤津心烦、食欲不振、咯血等症。

虎尾兰的叶

虎尾兰 Sansevieria trifasciata 龙舌兰科 > 虎尾兰属

虎尾兰叶片坚挺直立，叶面有灰白和深绿相间的横带斑纹，像老虎尾巴。它品种较多，株形和叶色变化较大，精美别致。

[特征]

多年生草本。叶簇生，硬革质，直立，暗绿色，两面有浅绿色和深绿相间的横向斑带，稍被白粉。总状花序，花白色至淡绿色。主要的变种有金边虎尾兰、短叶虎尾兰等。

[用途] 净化空气。观叶植物。

[近似种]

金边虎尾兰是虎尾兰的变种。叶缘金黄色，宽边，所以叫做金边虎尾兰。叶片为绿、黄、白三色组合而成，叶片边缘为黄色，叶中为绿白横纹，水波形相间。

金边虎尾兰

朱蕉 Cordyline fruticosa 龙舌兰科 > 朱蕉属

朱蕉株形美观，叶片色彩华丽高雅，是有名的观叶植物，有许多园艺变种和品种，如鲜红朱蕉、三色朱蕉等。

朱蕉的叶（红）

[特征]

常绿灌木，高1~3米，茎直立，通常不分枝。叶片呈绿色或紫红色，在茎顶聚生。圆锥花序，花淡红色、青紫色至黄色。

[用途]

多于庭园栽培，观叶植物。

鲜红朱蕉

白蝶合果芋 Syngonium podophyllum ‘White Butterfly’ 天南星科 > 合果芋属

该种叶片大如手掌，有很多白色花纹，叶形奇特，好似纷飞蝴蝶的翅膀，故又名“白蝴蝶”。

白蝶合果芋叶片

五指合果芋叶片

[特征]

草本，叶柄细长，叶片箭形，有白色花纹。

[用途]

观赏性高，主要用作室内观叶盆栽，可悬垂、吊挂及水养，又可作壁挂装饰。可作篱架及边角、背景、攀墙、铺地材料、阴地植物。

[近似种]

该种与五指合果芋相似，但后者叶成五指状，且多攀附于树上，易于区别。

龟背竹 Epipremnum pinnatum 天南星科 > 龟背竹属

该种叶片大而卵圆形，在羽状的叶脉间呈龟甲形散布许多长圆形的孔洞和深裂，其形状似龟甲图案，茎有节似竹干，故名“龟背竹”。

龟背竹的果实

[特征]

常绿藤本植物，茎粗壮。幼叶心形无孔，长大后羽状深裂，叶脉间有椭圆形穿孔，叶具长柄，深绿色。花序有一个大的佛焰苞，淡黄色。

春羽的叶片

[用途]

叶大，形状奇特，被普遍用于园林观赏。

[近似种]

龟背竹的叶片与春羽相似，但后者叶深裂成羽毛状。

绿萝 Epipremnum aureum 天南星科 > 绿萝属

绿萝叶片宽大，多有金黄色斑块，易于栽培，扦插或水培易于成活。

[特征]

大型常绿藤本。缠绕性强，气根发达。叶片长可达1米，宽达半米。

[用途]

观赏性强，广泛栽培于庭院、室内。

[近似种]

绿萝与喜林芋相似，但绿萝叶片常有黄色斑块。

绿萝的叶

喜林芋的叶

海芋 Alocasiama crorrhiza 天南星科 > 海芋属

滴水观音——海芋。由于海芋在环境潮湿时，会从其宽大的叶片上滴出水珠，故又名“滴水观音”。

海芋的果序

海芋的肉穗花序

[特征]

多年生宿根草本植物，高达2米。叶形似芋头，大如象耳。花序肉穗状，有大的佛焰苞，果熟后红色。

[用途]

路边、林下、荒地阴湿地方都有生长。普遍用于园林观赏，亦有大型盆栽。全株有毒。根状茎亦可入药。

水鬼蕉 Hymenocallis littoralis 石蒜科＞水鬼蕉属

水鬼蕉的花酷似蜘蛛，故又名“蜘蛛兰”，非兰花，而属于石蒜科。

水鬼蕉的花

水鬼蕉的花序

[特征]

多年生球根花卉，基部有球形的鳞茎。叶片两列，扁平，细长，达60厘米，肉质。花白色，花瓣之间有翼状附属物相连。

[用途]

庭院、公园绿地及高架桥下等地均成片栽培用于绿化、观赏。

棕竹 Rhapis excelsa 棕榈科 > 棕竹属

棕竹为棕榈科植物，外形又似竹子，故名棕竹。

[特征]

常绿灌木，茎纤细如手指，有叶节，不分枝，叶掌状深裂，裂片4～10片，不均等，具2～5条肋脉，青绿如竹。

[用途]

棕竹姿态秀雅，翠杆亭立，叶盖如伞，四季常青，所以广泛栽培供观赏。庭院、公园的花坛、墙角、草坪等地均有栽培。

[近似种]

同属的多裂棕竹，掌状裂叶更纤细，裂片16～20片（最多达30片），与棕竹不同。

散尾葵 Chrysalidocarpus lutescens 棕榈科 > 散尾葵属

散尾葵也属于棕榈科植物，叶大披散，故名散尾葵。主要栽培供观赏。具有抗二氧化硫的作用。

散尾葵丛生茎

鱼骨葵植株

[特征]

丛生状常绿灌木，茎干基部有环纹。羽状复叶，全裂，裂片披针形，柔软，尖端多少有些黄色。花期3～5月。

[用途]

各地有栽培观赏，盆栽、墙角、花坛、宅旁、草地处常见栽培。

[近似种]

散尾葵的叶与鱼骨葵类似，但后者茎干不明显。

软叶刺葵 Phapis roebelenii 棕榈科 > 针葵属

软叶刺葵又名美丽针葵，因其叶柄上有刺细如长针，叶长而柔软，故得名。细密的羽状复叶潇洒飘逸，颇显南国热带风光，被广泛用来栽培观赏。

[特征]

灌木，茎多单生，高达4米。叶长达1.5米，柔软下垂，细裂成线形。花序肉穗状，长30～50厘米，有佛焰苞包被。果实长圆形，长约1.5厘米，熟时枣红色。

软叶刺葵的果实

软叶刺葵的叶与果序

[用途]

观赏性强，广泛栽培于庭院、室内。

蒲葵的果序

蒲葵 Livistona chinensis 棕榈科 > 蒲葵属

用于做扇子的植物——蒲葵，蒲葵的叶子成圆形，可用于制作蒲扇，所以也叫做扇叶葵、葵树。

[特征]

乔木状，高达20米。叶聚生茎顶，圆扇形，直径达半米，掌状分裂达中部，裂片细线形，柔软下垂；叶柄长1～2米。花序肉穗状，腋生，长约1米。果实橄榄形，长约2厘米，熟时黑色。花期春季。

[用途]

蒲葵的观赏性极高，广泛栽培。根、叶、种子可入药。

蒲葵的花序

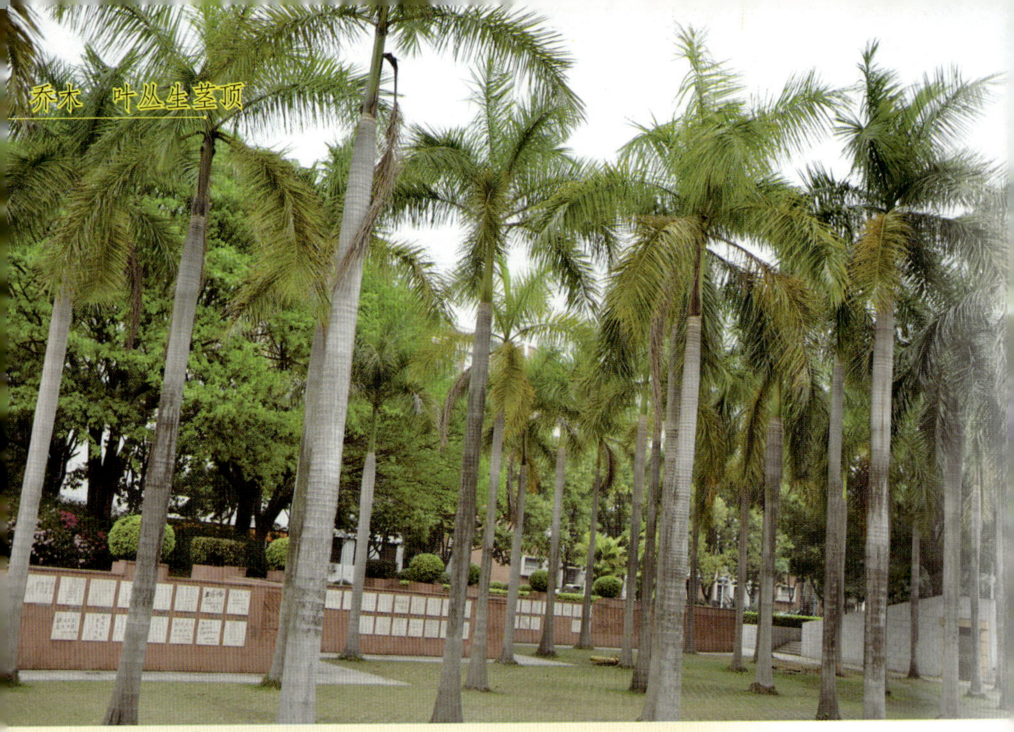

大王椰子 Roystonea regia 棕榈科 > 王棕属

大王椰子也叫王棕，原产于中美洲。

[特征]

乔木状，茎直立，高达20米。茎有环纹，中部膨大。叶大，长达5米，羽毛状全裂成羽片，下垂，羽片4列排列。

[用途]

因其高大雄伟，姿态优美，四季常青，树干挺直，是热带及南亚热带地区重要的棕榈科观赏植物。

[近似种]

假槟榔外形与大王椰子相似，后者的羽叶向四周岔开，而前者的羽叶比较平整，在同一平面上，前者的茎比后者小一些。

短穗鱼尾葵 Caryota mitis 棕榈科 > 鱼尾葵属

短穗鱼尾葵因其丛生，又称“丛生鱼尾葵”，最大的特点是小叶片酷似鱼尾，故得名。

短穗鱼尾葵花序和果序

[特征]

丛生小乔木，高达8米。叶长1～4米，羽片似鱼尾或鱼鳍。花序穗状，较密集，花单性。果实球形，熟时红色，皮肤触到易引起皮肤过敏而奇痒无比。

鱼尾葵的叶子

[用途]

既可盆栽摆放于大堂、门厅、会议室等场所，又常栽培于室外。茎髓含淀粉，可用于制作“西米”。

[近似种]

该种与鱼尾葵相似，但后者茎秆光滑，单生；叶大。

水蜈蚣 Kyllinga brevifolia　莎草科 > 水蜈蚣属

水蜈蚣是常见杂草。

水蜈蚣的花序

猴子草的花序

[特征]

多年生草本，高约20厘米。茎扁三棱形。叶片三列，线形。花序球形，单生，绿色。花果期5～9月。

[用途]

全草也可以入药，可治风寒、跌打刀伤等。普遍见于草坪、空地、荒坡、路边等地。

[近似种]

水蜈蚣与猴子草相似，但猴子草叶通常短于秆。穗状花序鳞片苍白色。水蜈蚣的花序鳞片绿色而不同。

两耳草 Paspalum conjugatum 禾本科 > 雀稗属

两耳草的花序两列，一边一列，长达12厘米，如同两个耳朵，故名。

两耳草的花序

[特征]

多年生草本，秆扁压，近实心，具匍匐茎，直立部分高20～50厘米。叶片披针状线形，长5～20厘米，宽5～10毫米。

[用途]

生于空旷地、草坪、林缘、路边等地，常见杂草。也可作为牧草。

[近似种]

该种与马唐相似，但马唐的花序长18厘米，4～12枚成指状生于1～2厘米长的主轴上。

马唐的花序

牛筋草 Eleusine indica 禾本科 > 牛筋草属

该种秆叶强韧，壮似牛筋，故得名。

[特征]

一年生草本，秆基部倾斜。叶片扁平，线形。花序数枚呈指状簇生在秆顶部，颖和外稃白色。

[用途]

禾本科常见杂草。全草可入药，有清热、利湿之功效。

[近似种]

该种株型与台湾虎尾草等很多种类类似。但花序差别明显。

牛筋草的花序　牛筋草的平卧茎　台湾虎尾草的花序

巴西野牡丹（47页）　使君子（48页）　细叶榄仁（49页）　海南杜英（50页）

火炭母（51页）　朱槿（52页）　美丽异木棉（53页）　木棉（54页）

琴叶珊瑚（55页）　红背桂（56页）　变叶木（57页）　一品红（58页）

叶下珠（59页）　垂柳（60页）　番木瓜（61页）　月季花（62页）

台湾相思树（63页）　含羞草（64页）　凤凰木（65页）　宫粉羊蹄甲（66页）

黄槐（67页）　鸡冠刺桐（68页）　蔓花生（69页）　白花油麻藤（70页）

红花檵木（71页）　榕树（72页）　黄榕（73页）　黄葛榕（74页）

高山榕（75页）　桑（76页）　薜荔（77页）　冷水花（78页）

爬墙虎（79页）　九里香（80页）　小叶米仔兰（81页）　塞楝（82页）

荔枝（83页）　龙眼（84页）　芒果（85页）　崩大碗（86页）

澳洲鸭脚木（87页）　花叶鹅掌藤（88页）　毛杜鹃（89页）　何氏凤仙（90页）

华灰莉（91页）　桂花（92页）　茉莉（93页）　云南黄素馨（94页）

狗牙花（95页）　长春花（96页）　黄蝉（97页）　夹竹桃（98页）

鸡蛋花（99页）　糖胶树（100页）　龙船花（101页）　玉叶金花（102页）

希茉莉（103页）　南美蟛蜞菊（104页）　向日葵（105页）　黄鹌菜（106页）

白花鬼针草（107页）　加拿大蓬（108页）　胜红蓟（109页）　车前草（110页）

福建茶（111页）　矮牵牛（112页）　少花龙葵（113页）　牵牛花（114页）

五爪金龙（115页）　金露花（116页）　马缨丹（117页）　一串红（118页）

洋紫苏（119页）　炮仗花（120页）　蚌花（121页）　花叶艳山姜（122页）

美人蕉（123页）　沿阶草（124页）　虎尾兰（125页）　朱蕉（126页）

白蝶合果芋（127页）　龟背竹（128页）　绿萝（129页）　海芋（130页）

水鬼蕉（131页）　棕竹（132页）　散尾葵（133页）　软叶刺葵（134页）

蒲葵（135页）　大王椰子（136页）　短穗鱼尾葵（137页）　水蜈蚣（138页）

两耳草（139页）　牛筋草（140页）　狗尾草（141页）

常见植物简明图谱

芒萁（19页） 海金沙（20页） 蜈蚣草（21页） 半边旗（22页）
铁线蕨（23页） 华南毛蕨（24页） 乌毛蕨（25页） 肾蕨（26页）
苏铁（27页） 侧柏（28页） 落羽杉（29页） 竹柏（30页）
南洋杉（31页） 白兰（32页） 含笑（33页） 阴香（34页）
睡莲（35页） 莲（36页） 红花酢浆草（37页） 杨桃（38页）
细叶萼距花（39页） 紫薇（40页） 大叶紫薇（41页） 簕杜鹃（42页）
海桐花（43页） 红果仔（44页） 红千层（45页） 蒲桃（46页）

莠狗尾草的花序

狗尾草 Setaira viridis 禾本科 > 狗尾草属

常见杂草，因花序形同狗尾，故名狗尾草。

[特征]

一年生草本，高达1米。叶扁平，长达30厘米。花序生长紧密，长达15厘米，密被约1厘米长的刚毛，刚毛紫红色，外形似狗尾巴。

[用途]

秆、叶可作饲料，也可入药，治痈瘀、面癣；全草加水煮沸20分钟后，滤出液可喷杀菜虫；小穗可提炼糠醛。

[近似种]

该种与莠狗尾草、多枝狼尾草相似，但莠狗尾草的花序比狗尾草的大，多枝狼尾草的花序更大。

多枝狼尾草的花序

科学观察123丛书

最贴近青少年生活的科普丛书
主编◎马学军
野鸟观察指南
马学军 卜标 吴碧云
编著

最贴近青少年生活的科普丛书
植物观察指南